U0352614

《中国少数民族艺术发展创新研究系列丛书》编委会

中央民族大学"211工程"少数民族艺术学科建设项目

中国少数民族艺术发展创新研究系列丛书

中国民族服饰变迁融合与创新研究

周 梦 著

中央民族大学出版社
China Minzu University Press

图书在版编目（CIP）数据

中国民族服饰变迁、融合与创新研究 / 周梦著 .—
北京：中央民族大学出版社，2013.9
ISBN 978-7-5660-0330-0

Ⅰ . ①中…　Ⅱ . ①周…　Ⅲ . ①民族服饰—研究—中国
Ⅳ . ① TS941.742.8

中国版本图书馆 CIP 数据核字（2013）第 089348 号

中国民族服饰变迁、融合与创新研究

作　　者　周　梦
责任编辑　红　梅
装帧设计　李首龙
出 版 者　中央民族大学出版社
　　　　　北京市海淀区中关村南大街 27 号　　邮编：100081
　　　　　电　话：68472815（发行部）　　传真：68932751（发行部）
　　　　　　　　　68932218（总编室）　　　　　68932447（办公室）
发 行 者　全国各地新华书店
印 刷 厂　北京宏伟双华印刷有限公司
开　　本　880×1230（毫米）　1/16　印张：13
字　　数　230 千字
版　　次　2013 年 9 月第 1 版　2013 年 9 月第 1 次印刷
书　　号　ISBN 978-7-5660-0330-0
定　　价　52.00 元

总 序

中央民族大学美术学院是全国最主要的少数民族高级美术人才培养基地之一，自1959年建立至今，已经为国家输送了42个民族成分的本科、硕士、博士等不同学术层次的美术人才3000余名，为中国民族美术事业的发展做出了突出贡献。21世纪是中国文化艺术飞速发展的时代，在这种文化大发展、大繁荣的背景下，中央民族大学美术学院秉承突出民族特色和可持续发展的教学思路，形成了符合自身特点的教学、创作、科研三位一体的办学模式。

在教学层面，学院构建了符合学科发展需求的多层次教学结构，培养了专业方向全面、专业结构合理的优秀师资队伍，确立了艺术学和设计学两个学科的七个本科培养方向以及民族美术硕士和博士培养方向，新建并完善了“中国画临摹”、“丝网印刷”、“影像设计”、“服装工艺”等工作室和实验室。2011年，中央民族大学美术学院同中国美术家协会共同开办全国少数民族青年美术家创作高级研修班，继续对多层次人才培养进行深入探索。

在艺术创作方面，我院教师密切关注学科发展动向，在把握时代发展脉搏的同时，坚持探索具有中国民族特色的艺术创作道路。生活是艺术的源泉，学院教师每年暑期都会带领学生深入全国各地尤其是少数民族地区采风写生，体味民俗风情，感受民族文化。截至2011年5月，我院学生作品已在174个国际级、国家级、省部级赛事中入围，荣获包括金奖、银奖、铜奖、优秀奖和各类单项奖等奖项105个，得到社会各界的广泛认可。

在科研方面，中央民族大学美术学院重视对教师科研能力的培养，拓展了教学与科研相结合的研究新思路。进入21世纪以来，学院将教学科研纳入国家“211工程”、“985工程”的学科建设项目，陆续出版了“中国少数民族高等美术教育系列教材”、“中国少数民族美术教育五十年学术文库系列丛书”、《中央民族大学美术学院成立50周年师生作品集》和《中央民族大学美术学院成立50周年论文集》等学术书籍，召开了“民族美术教学发展论坛”等全国性学术会议。2011年6

月，学院推出了中国第一本专门宣传介绍、研究挖掘、继承发扬少数民族美术的学术专刊——《中国民族美术》，标志着学院民族高等美术教育与研究的新起点。

作为一个多民族国家，文化多样性是中国民族传统文化的基本特征。中国少数民族艺术是中国民族艺术的重要组成部分，对其发展创新的研究直接影响到中国当代艺术、原生态艺术保护、艺术文化传承等诸多领域，其研究成果对中国艺术与文化发展意义重大。中央民族大学美术学院对少数民族艺术的探索主要包括两个层面：一是对少数民族艺术的创作实践；二是对少数民族艺术的理论研究，“中国少数民族艺术发展创新研究系列丛书”在实践的基础上侧重于对理论的研究与探讨。

对中国少数民族艺术发展创新研究包括保护、传承和创新三个层面。保护是研究的前提和基础，传承是文化延续的保证，而创新是发展和前行的方向。“中国少数民族艺术发展创新研究系列丛书”牢牢把握“传统”与“现代”这一时代主题，涵盖了上述保护、传承和创新三方面内容，对当代少数民族艺术的发展具有重要的理论和现实意义。

“中国少数民族艺术发展创新研究系列丛书”由“中央民族大学‘985工程’少数民族美术学科建设项目”和“中央民族大学‘211工程’三期重点学科建设项目”两部分组成，运用了美术学、民族学、人类学、考古学、社会学、历史学等跨学科交叉研究的理论与方法，涉及艺术理论、绘画、造像、建筑、服装等诸多门类，涵盖了文化研究、原生态艺术保护、艺术实践等方面的内容。本系列丛书具有以下三个特点：一是构建了“中国少数民族艺术发展创新”的研究体系；二是突出对民族地区的实地田野调查；三是将学术探索性与工作应用性紧密结合，较为全面地反映了学院近年来的研究成果和对少数民族艺术的研究思路，是学院对少数民族艺术研究的一个阶段性总结，为推动中国少数民族艺术与文化向纵深发展做出新的贡献。

中国少数民族艺术非常丰富，对其的研究与探索任重而道远，我们还将继续前行。

殷会利
中央民族大学美术学院院长

序　言

关于民族服饰，五六年前我曾经写过一些文字，也一直在关注此领域的相关研究动态，可最近几乎没有什么文章见刊了，原因很简单，除了惰性之类的说辞外，其实是很难找到一个新的切入点，刊发有新意的文字。近一段时间以来，连续读到周梦博士有关服饰的几部著作，为她的文字的灵动与简约、为她的勤奋与才思所触动，提笔写几行字，也算是一种交流。

坦率而言，民族服饰是较易进入大众化视野的一个选题，相关的各种层面的研究成果也比较多。每每走进书店，看到琳琅满目的各种服饰作品，我总会有一种莫名的感慨——罢了，你想到的，别人早就写出来了。然而，静下心来去翻阅相关的作品，又会有一种似曾相识的感觉，不少的作品多是“据事直书”，仅仅限于直观、琐细的现象罗列、朴素的感知和具体的经验归纳。我常想，如何超越一般民族服饰志的现象描述，打破学科之间的畛域，整合相关的学术力量，开展立体而又多层面的研究，可能是民族服饰研究领域中应该加强或突破的一个环节。当然，这种突破，主要是民族服饰研究者观念、意识的一种自觉，尤其是具有艺术美学、民族学等多学科背景的研究者，周梦博士就是有这样的学术自觉和学科背景的青年学者。

认识周梦，缘于几年前参加她博士论文的答辩。后因对民族服饰的共同关注，多有交流和探讨。在我所接触到的后辈学者中，周梦不是那种凡事都走在前台发表意见的学者。她踏实而勤勉，有一种一心向学的执著精神。或许是因了这种知识分子成功的“呆气”与“傻劲”，她呈现给我们的东西，常会给我们耳目一新的感觉。

《中国民族服饰变迁、融合与创新研究》就是一部别样著作。如同该书的书名所昭示的那样，作者在研究中国民族服饰时，有两个大的思考视角："变迁"与"融合"。我们知道，广泛意义上的中国民族服饰，包括古今的历史民族和当代民族的服饰。周梦博士在研究中国民族服饰时，她把自己的视野放在多民族互动的宏观历史场景中，从历史的纵向上系统地考察了各个典型时期民族服饰的融合与变迁情况，为我们勾画了一幅古代民族服饰的素描图，读之，既简明又颇有历史质感。同时，作者又不忘记对现当代民族服饰的关照，在具体个案研究的基础上，对现代民族服饰保护、传承与发展的可行性途径进行了思考。可以说这是一部既具学术继承，又有现实关怀的著作，我们相信，它的公开出版，一定会给读者带来新的收获。是以为序。

管彦波

2012年11月

目　录

导　论 1

一、研究的源起 1

二、相关概念界定 2

三、本书结构 3

第一章　先秦时期民族服饰融合研究 5

第一节　先秦时期服饰概况 6

一、冕服、弁服、冠服7

二、深衣 10

三、里衣 11

四、裘 13

五、女装 13

六、佩玉 14

七、服装与礼 14

八、四裔之服 17

第二节　胡服骑射 27

小结 29

第二章　魏晋南北朝时期民族服饰融合研究 31

第一节　魏晋南北朝时期服饰概况 32

一、男子服饰 32

二、女子服饰 33

第二节　袴褶（裤褶）、裲裆与魏孝文帝服饰改革 35
一、袴褶（裤褶）与裲裆 35
二、魏孝文帝服饰改革 37
小结 39

第三章　唐时期民族服饰融合研究 41
第一节　唐代服饰概况 42
一、男子服饰 42
二、女子服饰 43
第二节　唐代民族服饰融合分析 48
一、胡服元素 49
二、唐代民族服饰融合的具体体现 52
小结 56

第四章　辽金元时期民族服饰融合研究 61
第一节　辽代民族服饰融合研究 62
一、北班国制，南班汉制 62
二、辽代服饰、发式与妆容融合 64
第二节　金代民族服饰融合研究 66
一、金代服饰概况 66
二、金代民族服饰融合 67
第三节　元代民族服饰融合研究 70
一、元代服饰概况 70
二、元代民族服饰融合 73
小结 80

第五章　清时期民族服饰融合研究 81
第一节　清代服饰概况 82
一、男子服饰 83

二、女子服饰 89

第二节　易服剃发与“十从十不从” 96

一、易服、剃发与满汉服饰之争 96

二、“十从十不从”与满族服饰制度的建立 99

小结 101

第六章　民国时期民族服饰融合研究 103

第一节　民国时期服饰概况 104

一、男装款式 104

二、女装款式 108

第二节　改良旗袍、辫发与剪发 116

一、改良旗袍——满汉服饰文化与西方服饰技艺相结合的产物 116

二、辫发与剪发 120

第三节　促成民国时期民族服饰、中西服饰相互融合的因素 122

一、时装店 122

二、电影 125

三、杂志刊物 125

四、月份牌画 130

小结 132

附录1：民国时期关于服饰的临时政府公报 132

附录2：民国《服制》 135

附录3：民国《礼制》 135

附录4：《上海风土集记》中关于民国上海女子服饰等问题的描写：

“第十六篇 上海的妇女”节选 136

第七章　现代民族服饰的变迁与融合 139

第一节　现代民族服饰在民族地区的留存方式 140

一、作为婚嫁、节庆、相亲等场合穿着的民族服饰 140

二、祭祀场合穿着的民族服饰 141

三、装殓用“老衣服”的民族服饰 141

四、母女间传承的民族服饰 142

五、成为表演服饰的民族服饰 142

六、成为旅游商品（买卖或租赁）的民族服饰 143

七、日常穿着的民族服饰 145

第二节　现代民族服饰留存具体案例分析 146

一、具体案例分析——贵州省雷山县西江苗寨 146

二、西江民族服饰留存和传承环境 147

三、关于西江苗族传统服饰传承的三次田野调查记录 152

第三节　现代民族服饰的传承与创新思路 162

一、现代民族服饰保护与传承的可行性途径 163

二、现代民族服饰发展的可行性途径 178

结　语 186

参考书目 188

图片目录 193

后　记 196

导 论

一、研究的缘起

探究中国历史上几次较为典型的民族服饰的融合，

分析它们之间的不同，以及对当代民族传统服饰的传承与变迁进行研究，一直是我非常感兴趣的一个选题。对这个选题的兴趣也是一点点叠加的，而将我这些粗浅的思考与研究所得成书却又是机缘巧合的结果，其间跨越了十多年的岁月。

早在20世纪90年代大学时期的《中外服装史》课上，中国服装史中的几次民族服饰融合格外起我的兴趣，十几岁的我懵懵懂懂，对于服装尤其是服装史尚处于最初的入门阶段，但即便是这样的我，依然对这个选题非常感兴趣——因为各种因素的影响，在历史上的不同时期中国各民族之间的交流使它们的服饰也产生了相互的影响，这的确是非常有意思的事情。但这也仅仅是停留在感兴趣的层面上。

研究生毕业后，我进入中央民族大学美术学院服装系教书，开始对少数民族服饰产生浓厚的兴趣。我在美术学院服装系主讲的课程之一也是《中外服装史》，与读书时“听”这门课程不同，这次要“讲”这门课程，因此也对这历史上的六次融合有了进一步深入的了解，于是想到，如果有机会研究一下这几次融合那应当是一个很好的题目。我在教学中还发现，在中国历史上这几次服饰的变迁与融合虽然都是汉族与少数民族服饰之间的相互影响，但其成因却各不相同。而当兴起对这个选题的研究后，我又发现仅仅是知道对历史上六次服饰的融合与变迁进行梳理还非常不够，在对历史研究的基础上对今天现代的民族地区服饰的变迁与发展的研究也非常具有现实意义。于是，心中就兴起了有机会将《中国民族服饰变迁、融合与创新研究》作为课题进行研究的念头。

转眼到了2009年，在学院的支持下，我的《中国民族服饰变迁、融合与创新研究》这一选题申请到了“211工程”的子课题，至此有了对这个感兴趣的课题进行专门的研究，并将一点点研究的心得整理成书的机会。算起来，从最初知道这几次民族服饰的融合到感兴趣、到有机会较为深入的研究，直至将粗浅的研究成果整理成书，中间已经过去了十多个年头。

需要特别说明的是，在漫漫服饰发展历程中，民族服饰的融合与变迁可以说贯穿了整个服装发展的历史，本书所截取的只是其中几个具有代表性的历史时期，而这几个时期只是因为其所具有的特殊特点而被选取了进来。

二、相关概念界定

在本书开始之前，笔者想先对本书中出现的几个相关概念进行界定。

（一）服饰

本书所讲的服饰包含两个层面的含义：一是包裹人体的衣物，主要是从作为实物的服装入手，这个层面相比较而言是静态的；二是服装穿着的整体状态，包括穿着者着衣时的发式、所佩戴的首饰[①]与配饰以及他们的妆容，这个层面相比较而言是动态的。回顾服装发展的历史，我们就会发现，服装不仅仅是“衣裳”，它也是一个整体的概念，因此，这两方面不可偏废。

（二）汉族服饰

本书所指的汉族服饰并不是“汉族”的民族服饰，而是现代汉族人所穿的西式的时尚服装，“严格地讲，汉族宽衣大袖的传统服饰自清代以来就逐渐退出历史的舞台。汉族今天所穿的服饰其实是西方在20世纪二三十年代以来确立的现代服装的款式，是全球化与国际化的产物。”[②]因现今大部分书籍中将此种服装称为汉族服饰，考虑这一众所周知的习惯称谓，本书仍遵循这一提法。

①首饰本是指男女头上的饰物。《后汉书•舆服下》云：“后世圣人……见鸟兽有冠角胡之制，遂作冠冕缨蕤，以为首饰。”

②周梦：《黔东南苗族侗族女性服饰文化比较研究》，中国社会科学出版社，2011年9月，第9页。

（三）民族服饰

这里所指的民族服饰主要指的是中国的民族服饰，由汉族服饰和其他少数民族服饰组成。其中少数民族服饰既包括20世纪50年代所认定的、划分和命名的55个少数民族服饰，也包括中国历史上曾经出现的、今天已经消失或还存在的一些民族。

三、本书结构

本书共分为九个部分，其中第一部分和最后一部分是导论和结论，中间的七章是本书的主要内容。

第一章至第六章是对历史上六次较有影响的民族服饰融合进行分析和研究。它们分别是：

第一章先秦时期民族服饰融合研究。主要由第一节先秦时期服饰概况和第二节胡服骑射两部分组成。因是起始之章，在第一节中以一定的篇幅介绍了冕服、弁服、冠服、深衣、里衣、裘、女装、佩玉、服装与礼、四裔之服等几部分内容。第二节是历史上著名的“胡服骑射”。

第二章为魏晋南北朝时期民族服饰融合研究。其中第一节为魏晋南北朝时期服饰概况，分别介绍了此时期的男装与女装。第二节分析了袴褶（裤褶）、裲裆与魏孝文帝服饰改革。

第三章为唐时期民族服饰融合研究。其中第一节为唐代服饰概况，分别介绍了此时期的男女服饰。第二节唐代民族服饰融合分为两个部分，第一部分是对胡服中具体的款式构成的介绍，包括幂䍦与帷帽、胡帽（混脱帽）、翻领左衽服和皮靴。第二部分是对唐代民族融合的具体体现进行分析，是从胡服对唐代男装、女装的影响，对胡服的直接穿着，与此时中亚、西亚以服饰之间的相互影响，少数民族妆和首饰容对唐代女子妆容与首饰的影响以及唐代女子以丰腴为美背后的深层原因等六个方面加以论述。

第四章为辽金元时期民族服饰融合研究。其中第一节为辽代民族服饰融合，第二节为金代民族服饰融合研究，第三节为元代民族服饰的融合研究，这三节都由服饰概况和民族服饰融合两个部分组成。

第五章为清时期民族服饰融合研究。其中第一节为清代服饰概况，分别从此时期的男装与女装进行介绍，第二节为剃发易服与“十从十不从”，分为易服、剃发与满汉服饰之争、“十从十不从”与满族服饰制度的建立两部分内容。

第六章民国时期民族服饰融合研究。其中第一节为民国时期服饰概况，分别对民国时期的男装与女装进行介绍，包括男装的长袍马褂、衫袄与绕裆裤、长袍西裤、中山装、学生装、西服套装、各种制服，女装的青楼女子着装、电影明星着装、名媛淑女着装、女学生着装、中产阶级女性着装、下层劳动妇女的着装。第二节为改良旗袍、辫发与剪发。第三节为促成民国时期民族服饰、中西服饰相互融合的因素。

第七章是对现代民族服饰的变迁与融合的研究。其中第一节为现代民族服饰的留存方式，分析了现代社会中民族地区民族服饰留存的七种方式，它们分别是作为婚嫁、节庆、相亲等场合穿着的民族服饰，祭祀场合穿着的民族服饰，装殓用“老衣服”的民族服饰，母女间传承的民族服饰，成为表演服饰的民族服饰、成为旅游商品（买卖或租赁）的民族服饰和日常穿着的民族服饰。第二节现代民族服饰留存具体案例分析，以作者三次进行田野调查的贵州省雷山县西江苗寨为例，记述了西江民族服饰留存和传承环境以及关于西江苗族传统服饰传承的三次田野调查记录。第三节为现代民族服饰的传承与创新思路，提出了本书作者关于现代民族服饰保护与传承的可行性途径和现代民族服饰发展的可行性途径的一点思考。

以上就是本书的基本结构与框架。

第一章　先秦时期民族服饰融合研究

第一节　先秦时期服饰概况

服饰是人类文明的一部分，服饰的发展，离不开文明的进步。尽管约三万年前的山顶洞人就已经会使用骨针“用兽皮缝制衣服”[①]，与日后华夏民族关系更为密切的庙底沟人已经能纺织粗麻布，[②]但都不足以体现华夏先民的服饰特征。中国服饰的熠熠生辉，还要等到约公元前第二个千年的后半叶，商代与周代相继建立之时。据研究，商代服装款式已经达十三种之多，且不同社会地位之人，着装已有显著差别，中上层贵族穿窄长袖短花衣，社会中下层则穿窄长袖素长衣。[③]妇好墓出土玉雕贵族人物的服饰可谓美轮美奂，头戴頍，身着衣、裳、带、蔽膝；[④]衣上还有动物图案，抑或就是“衮服”的早期形态。周武王灭殷，纣王自焚时也不忘要穿上“宝玉衣”[⑤]。

取商而代之的周朝，对中华民族的历史意义更为重大：经过之前数千年的融合与裂变，华夏民族在这个时代初步形成；周公所提倡的“亲亲尊尊”的意识形态也从此沉淀为中华文化遗传

图1-1-1　殷墟妇好墓出土玉人所反映贵族服装（临摹图）

①沈从文：《中国古代服饰研究》，上海书店出版社，2005年，第1页。

②中国社会科学院考古研究所：《庙底沟与三里桥》，科学出版社，1959年。

③宋镇豪：《商代社会生活与礼俗》，中国社会科学出版社，2010年，第276页。

④中国社会科学院考古研究所：《殷墟妇好墓》，文物出版社，1980年，第151页。

⑤《史记·殷本纪》。

基因，成为之后几千年中国封建王朝与家庭的基本伦理道德标准，至今影响犹存。同样是在周代，衣冠服饰体系也发展到更加完备的阶段。冠冕衣裳带韠舄屦在周礼的浸淫之下，已经不再只是抵御寒冷、蔽障隐私、彰显华美的工具，而更多地承载起“明贵贱、序等列”的伦理功能。以至后来颜渊请教孔子治国之道，孔子答：“行夏之时、乘殷之辂、服周之冕”。[①]在孔子的心目中，“冕”已经成为周礼的代名词了。

一、冕服、弁服、冠服

冕服是高等级礼服的总称，西周早期的大盂鼎和麦方尊均将得赐“冂（冕）、衣、市（韍）、舄”作为重大荣誉予以记载。直到东周，冕服作为最高等级的礼服仍然大量服用。《左传》中有多处记载，宣公十六年“晋侯请于王。戊申，以韍冕命士会将中军，且为大傅。”襄公二十九年“公与公冶冕服。固辞，强之而后受……及疾，聚其臣，曰：‘我死，必以在冕服敛，非德赏也。’”昭公元年，“吾与子弁冕端委，以治民临诸侯，禹之力也。”哀公十五年“苟使我入获国，服冕乘轩，三死无与。”

根据春秋时宋大夫臧哀伯的说法，冕服的组成包括：“衮、冕、韍、珽，带、裳、幅、舄，衡、紞、纮、綖”、“藻、率、鞞、鞛、鞶、厉、游、缨”以及“火、龙、黼、黻”。[②]

冕为首服，由延（綖）、武、旒（游）构成。《周礼•夏官•弁士》谓“王之五冕，皆玄冕、朱里、延纽”。延是冕顶部的长形木板，包麻布，外为黑色、里为红色。武是冕下部的帽圈，又称冠卷。延两旁成圈状的纽和武两旁的小孔，均为服冕时插衡（笄）固定之用。旒是缀在延上的玉珠串，按照《周礼》的记载，天子冕十二旒，每旒缀玉珠十二颗。诸侯之冕九旒、每旒缀玉珠九颗。“衡、紞、纮”都是冕的附件。衡是固定冠用的笄。紞是垂于冠两侧、正对两耳的丝线，下端悬挂有瑱。纮是绕于颐下、系于笄的两端的丝带。[③]只有大夫以上才可以服冕。

衮为上衣的一种，画有龙形图案。西周吴方彝盖有“玄衮衣”、颂鼎有“玄衣黹屯（纯）”。衣的形制有交领和直领。交领是以衣的左襟压住右襟，之后结系于右腋之下。《左传•昭公

①《论语•卫灵公》。
②《左传•桓公二年》。
③钱玄：《三礼名物通释》。

十一年》记载“衣有襘，带有结”。襘即指衣衿交会之处。左襟压住右襟即所谓“右衽”，被看成是区分华夷的标志，孔子曾说：“微管仲,吾其被发左衽矣。”[①]交领又可以进一步分为两种样式，一种为左襟自领口斜直而下，另一种为左襟在领口曲折作方形，又被称为曲领或方领。朝祭服、深衣均为曲领。直领即对襟，左右两襟相对直下，以带系结于胸前。如果领上绣有黼纹，则叫做襮（黹屯）。[②]《诗经•唐风•扬之水》“素衣朱 ”即指有红色黼领的白衣。衣袖叫做袂，袖口叫做袪，按后儒的说法，袂广二尺二寸，最大可达三尺三寸，叫做侈袂，袪广一尺二寸，可以同时容纳两只手。

韨为蔽膝，又作绂、韠、韍、市、芾、绋、茀。以韦制成，形状上窄下宽，用来为遮蔽腹膝之间。

带，是束腰用丝制长带，又名鞶、黄、衡、珩。[③]前引《左传•昭公十一年》“带有结”，可见其使用方法为结系。大带结系之后下垂的部分，叫做绅，也叫做厉。

裳为下衣，又名裙、下裙，形如围裙，由七幅布缝合而成，穿着时上衣下裳，不能颠倒。可以披在肩上的裙，叫做帔。裳分为不相连前、后二片，前片用三幅布缝制，后片用四幅布缝制。每幅布都要打褶，称为襞积。《诗经》有“绿兮衣兮，绿衣黄裳”[④]、“我觏之子，衮衣绣裳”[⑤]，均是描述穿着衣裳的形象。

幅为胫衣，又名偪。古人为保护小腿，以布缠足背，直至膝盖，因为是斜行向上，又称邪幅，汉代称为行縢，现代称为绑腿。《诗经•小雅•采菽》记载“赤芾在股，邪幅在下”。

舄为足服，是双层底的鞋。另有单层底的鞋名屦。《周礼•天官•屦人》记载“屦人掌王及后之服屦。为赤舄、黑舄、赤繶、青句、素屦、葛履。”繶是在鞋面与鞋底相连之处嵌条的样式。句（絇）是鞋头如鼻子一样翘起的样式。纯是在鞋口镶边的样式。另有鞋带，叫做綦。

率、鞞、鞛，均为冕服的配饰。率是配巾。鞞是配刀刀把上的装饰。鞛是刀鞘。

火、龙、黼、黻，是衣裳上的文章。文章共有十二种，即日、月、星辰、山、龙、华虫、宗彝、藻、火、粉米、黼、黻。十二文章施于服装的章数和位置，历代各家众说纷纭，难

①《论语•宪问》。

② 钱玄：《三礼名物通释》。

③ 陈汉平：《西周册命制度研究》，学林出版社，1986年，第234页。

④《诗经•绿衣》。

⑤《诗经•九罭》。

以考辨。

弁是地位次于冕的首服，《周礼·夏官·弁士》谓“王之皮弁，会五采玉，璂。象邸，玉笄”，《释名·释首饰》谓“弁如两手相合抃时也”，系将革裁成若干三角形片，之后逐一缝合而成，形状类似后世的瓜皮帽。璂是皮弁各缝之中所镶嵌的五彩玉石，每缝十二块。邸是帽顶，置于皮弁上端各缝会合之处。象邸，即用象骨制成的邸。弁的笄、纮与冕相同。用爵韦（颜色赤而微黑的革）制成的弁，叫做爵弁。用鹿皮（白鹿皮）制成的弁，叫做皮弁。用靺韦（赤色的革）制成的弁，叫做韦弁。

冠是比弁低一等的首服。玄冠为常服礼冠，又名委貌、章甫、毋追，[①]用黑色的缯制成。《左传·昭公元年》“吾与子弁冕端委，以治民临诸侯”、《左传·昭公十年》“晏平仲端委立于虎门之外”、《左传·哀公七年》“大伯端委以治周礼”、《论语·先进》“宗庙之事，如会同，端章甫，愿为小相焉”中的“端委”、“端章甫”即朝服、在公之服，其中端即玄端，委即委貌。缁布冠为庶人常服。

河南洛阳东郊西周早期墓出土玉人[②]和洛阳北窑西周晚期墓M451出土人形铜车辖的着装，为我们了解周代衣裳形制提供了参考。

图1-1-2　洛阳北窑西周晚期墓出土人形铜车辖

①《仪礼·士冠礼》，“主人玄冠朝服。”郑玄注，“玄冠，委貌也。”《仪礼·士冠礼·记》，“委貌，周道也；章甫，殷道也；毋追，夏后氏之道也。”

②傅永魁：《洛阳东郊西周墓发掘简报》，载《考古》1959年第4期，第188页。

二、深衣

深衣是周代服装的另一种重要款式，因外形上下连属、“被体深邃”[①] 而得名。深衣的穿着范围相当广泛，既是诸侯、大夫、士的燕居服，也是庶人的常服、吉服。后儒对深衣极为推崇，认为深衣“盖有制度，以应规、矩、绳、权、衡”，“故先王贵之。故可以为文，可以为武，可以摈相，可以治军旅，完且弗费，善衣之次也。”[②]

《礼记·深衣》对深衣形制的描述为，“短毋见肤，长毋被

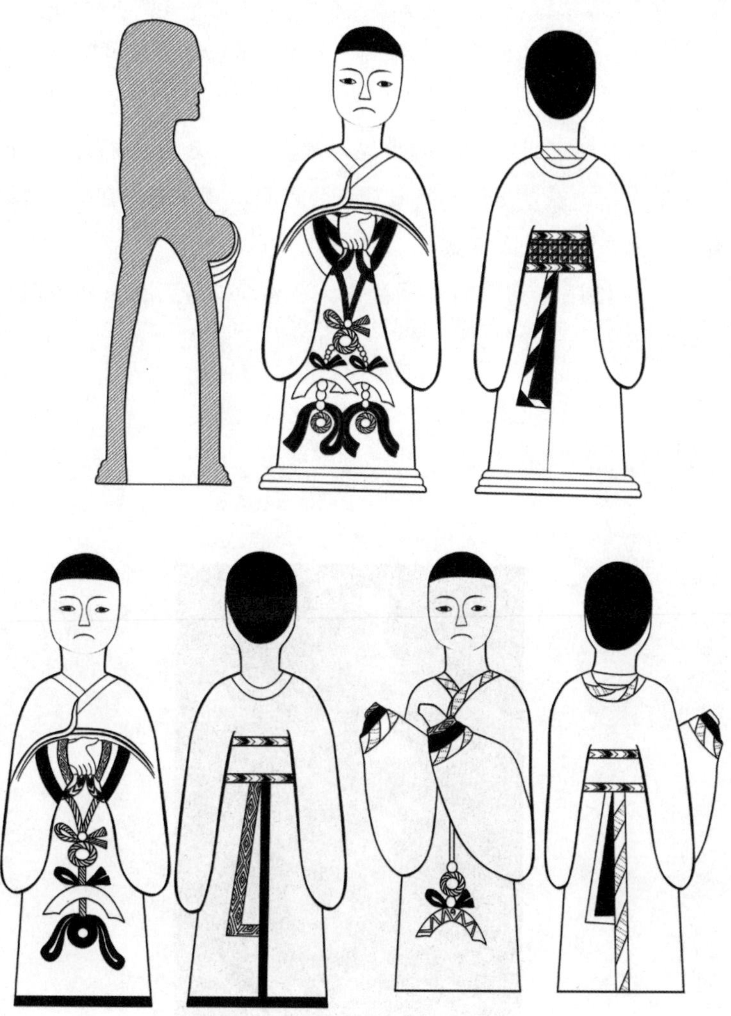

图1-1-3 信阳楚墓出土彩绘木俑（临摹图）

① 《礼记·深衣》孔颖达疏。

② 《礼记·深衣》。

土。续衽钩边，要缝半下。袼之高下，可以运肘；袂之长短，反诎之及肘。带，下毋厌髀，上毋厌肋，当无骨者。制十有二幅以应十有二月，袂圜以应规，曲袷如矩以应方，负绳及踝以应直，下齐如权衡以应平……具父母大父母，衣纯以缋；具父母，衣纯以青。如孤子，衣纯以素。纯袂、缘、纯边，广各寸半。”按照这一标准制作的深衣应当极为肥大：袖子长要长过指尖相当于肘到指尖距离的长度；下部象征十二个月的布幅缝合起来至少要达到周制十二尺之多，即便有“襞积无数”，其宽大也可想而知。穿着时为使衣服适体，必然要把衣襟收紧，富余出的衣襟继续向身体右后绕行，就形成了衣襟在身后的着装样式。《礼记•儒行》记孔子之言，“丘少居鲁，衣逢掖之衣”，孔颖达疏，“此大袂深衣也”。孔子所服深衣的袖子不但长，而且更宽。

断代为战国早期，墓主人身份约为大夫的信阳楚墓，曾出土彩绘木俑多件，其中有三件（标本2-154、2-147、2-168）能辨清衣饰。其衣饰，发掘报告解释为在胸或腹部以下“装饰有珠璜、彩结、彩环、后腰间有锦带，后身有褶襟”[①]。所谓“褶襟”正是衣襟绕行身后的样子，且袖筒均为宽大的“侈袂”。所以，这些木俑所反映的，正是士、大夫着深衣的形象。

三、里衣

外衣之下，内衣之上，还有中衣。中衣形制同深衣一样，为上下连属，《礼记•深衣》郑玄《目录》谓“深衣，连衣裳而纯之以采者。纯素曰长衣，有表则谓之中衣”。

中衣之下，还有贴身穿着的内衣，《诗经•周南•葛覃》“薄汙我私，薄澣我衣”的“私”即指内衣。又《左传•宣公九年》记载“陈灵公与孔宁、仪行父通於夏姬，皆衷其衵服，以戏于朝”。“衷”和“衵服”，都是里亵衣（衷作穿亵衣讲），即内衣。里衣包括襦、袍、袴。《左传•昭公二十五年》有“征褰与襦”。《礼记•内则》有“衣不帛襦袴”，《食经•秦风•无衣》有“与子同袍”、“与子同泽（襗）”。

襦、袍为上服，其形制，襦短袍长，《说文•衣部》“襦，

①河南省：《信阳楚墓》，文物出版社，1986年，第116页。

短衣”，《释名•释衣服》“袍，丈夫著，下至跗者也。袍，苞也。苞，内衣也。妇人以绛作衣裳，上下连， 四起施缘，亦曰袍，义亦然也”，《急就篇》颜师古注，“短衣曰襦，自膝以上，按襦若今袄之短者。袍若今袄之长者”。且袍同深衣一样，上下连属。

袴为下服。袴，又名绔、褰、襗，其形制为两条裤筒，穿时分别套在两腿上。江陵马山战国楚墓曾出土一件女绵袴，是目前所见最早的实物。

宝鸡茹家庄墓地时代约在西周，所出土青铜饰件BRCH3:1-23上人物，腰系带，腿束幅，裆部所着三角形衣物，可能就是裈。从人物披发、拥抱车辕作加固状来看，其地位应相当低下，属于奴隶，抑或戎狄之属。

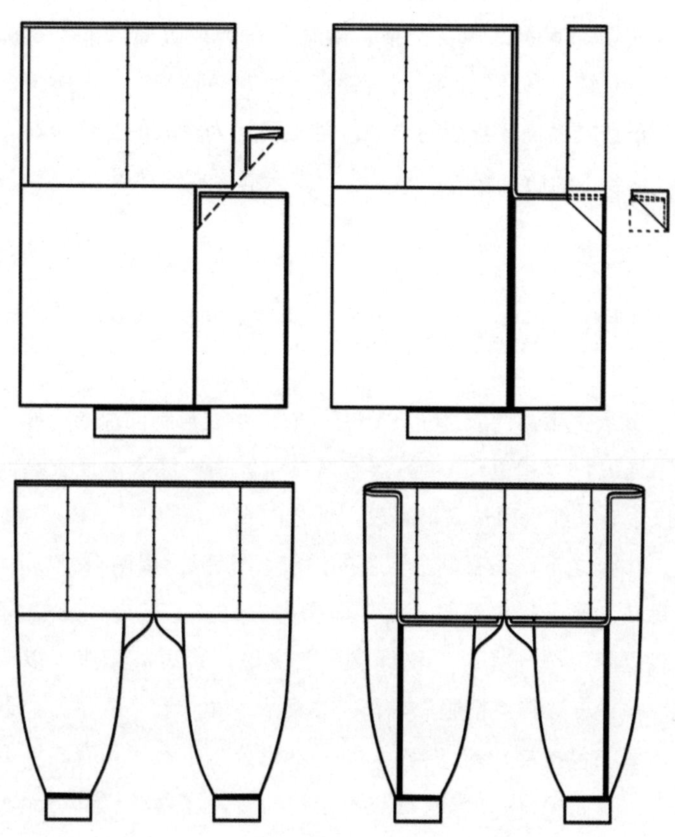

图1-1-4 湖北江陵马山一号战国楚墓出土女绵袴正反面结构（临摹图）

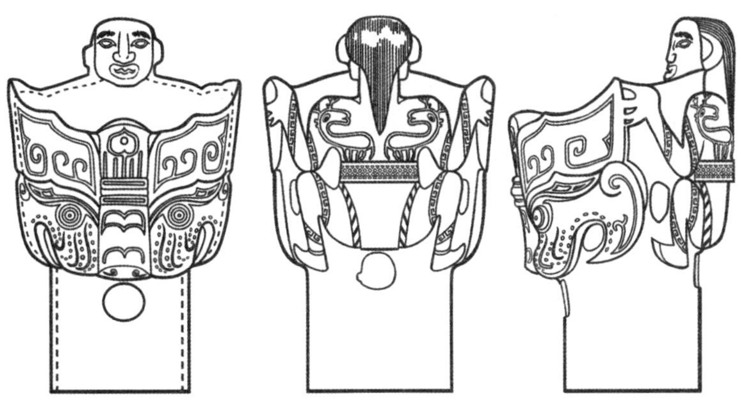

图1-1-5 陕西宝鸡茹家庄墓地出土青铜饰件（临摹图）

四、裘

裘为冬装。黑羔裘，即大裘，是最高级的裘。《周礼•天官•司裘》，“司裘掌为大裘，以共王祀天之服”。《周礼》祭服玄衣、朝服缁衣，黑羔裘颜色正可与之匹配。此外还有狐裘、麛裘、虎裘、狼裘、犬羊之裘。

着裘行礼时，必须在裘外加一件罩衣（裼衣），之后再穿外衣。加罩衣的用意是藏美，即在神圣庄严的场合去掉文饰，以充分表达敬意。礼成之后，即将罩衣脱去，以示不敢掩美，才算合乎礼仪。

五、女装

《诗经•鄘风•君子偕老》描述了贵族女子衣装盛美之状，“君子偕老，副笄六珈。委委佗佗，如山如河。象服是宜。子之不淑，云如之何？玼兮玼兮，其之翟也。鬒发如云，不屑髢也。玉之瑱也，象之揥也。扬且之皙也。胡然而天也！胡然而帝也！瑳兮瑳兮，其之展也，蒙彼绉絺，是绁袢也。子之清扬，扬且之颜也，展如之人兮，邦之媛也！”

女装与男装区别明显。女装形制，不分正式与否，均为上衣下衣连属。《周礼》、《仪礼》叙述女装时，只言衣，不言裳。孔颖达疏《周礼•天官•内司服》，“不言裳，则连衣裳矣”。与男装深衣“腰缝半下”[①]，即腰部较窄，只相当于下部宽度的一

①《礼记•深衣》。

半不同，女装则是腰部宽，下部窄，《释名·释衣服》“妇人上服曰袿，其下垂者上广下狭如刀圭”。

妇女也不加冠，《周礼·天官·追师》“追师掌王后之首服。为副、编、次，追衡笄，为九嫔及外内命妇之首服”。副，诗经毛传“副，夫人之首饰，编发为之”。编、次也是假结，但不再加首饰。王念孙《广雅疏证·释器》谓“副之异于编、次者，副有衡笄、六珈以为饰，而编次则无之。其实副与编次皆取他人之发，合己发以为结，则皆是假结也”。衡笄即簪，用以固定副。“副笄六珈”中的珈，是妇女最高等级的首饰。

六、佩玉

佩玉本身不属于服装，但古人好玉，甚至以玉比德，把玉佩作为服装最重要的配饰，故作一简单记述。《礼记·玉藻》中记载，“天子佩白玉而玄组绶，公侯佩山玄玉而朱组绶，大夫佩水苍玉而纯组绶，世子佩瑜玉而綦组绶，士佩瓀玟而缊组绶，孔子佩象环五寸，而綦组绶。”不同身份的人，佩戴不同质量和不同颜色的玉，并且分别与不同颜色的组绶相配合。

七、服装与礼

礼是治理天下的标准和依据，天子以至于士，都必须遵循礼的要求。《周礼》更将礼细化为五种，即吉礼、凶礼、军礼、宾礼、嘉礼，[①] 各有施用的场合。礼之于服装，在两个方面发挥影响。一是彰显等级，禁止僭服。《周礼·地官·大司徒》记载“以本俗六安万民……六曰同衣服”，疏谓“同犹齐也。民虽有富者，衣服不得独异者，士已上衣服皆有采章，庶人皆同深衣而已，故云民虽有富者，衣服不得独异，并皆齐等也”。实质就是同一阶级之人，应当服用同种服装，把服装作为地位和权力的象征。《左传·成公二年》记载“新筑人仲叔于奚救孙桓子……卫人赏之以邑，辞。请曲县、繁缨以朝，许之。仲尼闻之曰：‘惜也，不如多与之邑。唯器与名，不可以假人，君之所司也。名以出信，信以守器，器以藏礼，礼以行义，义以生利，利以平民，

①吉礼用于“事邦国之鬼神示”，即祭祀天神（如上帝、日月星辰等）、地祇（如社稷、山川等）、人鬼（如先祖、帝王、先圣、先贤等）之礼。凶礼用于“哀邦国之忧”，指与救患分灾有关的礼仪，包括丧礼、荒礼（国有疫病饥馑时，君臣自为贬损之礼）、吊礼（别国遇水火灾，遣使吊问）、禬礼（一国因祸败遭受经济损失，盟国会合财货归之，以更其所丧）、恤礼（邻国有内寇外乱时，遣使问安）。宾礼用于“亲邦国”，指天子与诸侯之间，为彼此亲附，联络感情，定期举行礼节性会见。军礼用于“同邦国”，指与攻伐、田猎、工程有关的礼仪。嘉礼用于“亲万民”，是关于饮食、婚冠、宾射、燕飨、脤膰、贺庆、任命等各种礼仪的总称。参见《周礼·春官·大宗伯》。

政之大节也。若以假人，与人政也。政亡，则国家从之，弗可止也已。’”

二是强调划一，排斥异服。《礼记•缁衣》记载“子曰：‘长民者，衣服不贰，从容有常，以齐其民，则民德壹。’”《礼记•王制》，司关之官有“禁异服”的责任。总而言之，任何人，都要服用与自己身份、所处场合相称的服装。

依照《周礼》、《礼记》和《仪礼》，[①]冕服分为六类，即大裘、衮冕、鷩冕、毳冕、絺冕、玄冕。六服冕制相同，均为玄衣纁裳、赤韨纯朱，但各服文章有所不同。弁服分为三等，即爵弁服、韦弁服、皮弁服。爵弁服为爵弁、纯衣、纁裳、缁带、靺韐。韦弁服弁及衣裳都用红色的韦制成。皮弁服为皮弁、白布衣、素裳、缁带、素韠。冠服分为二等，即朝服、玄端。朝服玄冠、衣用十五升缁布、素裳、素韠。玄端玄冠、衣用十五升缁布、玄裳、缁韠或爵韠。

天子“祀昊天上帝，则服大裘而冕；祀五帝，亦如之。享先王，则衮冕；享先公、飨、射，则鷩冕；祀四望山川，则毳冕；祭社稷五祀，则絺冕；祭群小祀，则玄冕”。诸侯、卿大夫分别服各色冕服，朝聘天子及助祭，“公之服，自衮冕而下，如王之服。侯伯之服，自鷩冕而下，如公之服。子男之服，自毳冕而下，如侯伯之服。孤之服，自絺冕而下，如子男之服。卿大夫之服，自玄冕而下，如孤之服”[②]。

弁服分为爵弁服、韦弁服、皮弁服。爵弁服为爵弁、纯衣、纁裳、缁带、靺韐[③]，大夫祭于家庙[④]、士助祭于王[⑤]、士冠礼三加[⑥]、士婚礼迎亲[⑦]，服爵弁服。韦弁服弁及衣裳都用红色的韦制成，为戎服[⑧]。聘礼卿归饔饩五牢，也服韦弁[⑨]。皮弁服为皮弁、白布衣、素裳、缁带、素韠[⑩]。天子视朝[⑪]、诸侯视朔[⑫]，君臣都服皮弁服。诸侯之间相互朝聘[⑬]、士冠礼再加[⑭]，也服皮弁服。

冠服分为朝服、玄端。朝服玄冠、衣用十五升缁布、素裳、素韠[⑮]。诸侯视朝，君臣同朝服[⑯]。卿士大夫祭祖祢，也服朝服[⑰]。玄端玄冠、衣用十五升缁布、玄裳、缁韠或爵韠[⑱]。玄端是天子、诸侯燕居之服[⑲]，是大夫、士私朝之服[⑳]，也是士常服之礼服[㉑]。

王以至士的凶礼之服，径引《周礼》，王“凡凶事服弁服，吊事弁绖服”。“凡丧，（诸侯）为天王斩衰为王后齐衰，王为

①服装与礼的对应在三礼已未必尽合，各家解说互有歧见。下文据钱玄《三礼名物通释》整理。
②《周礼•春官•司服》。
③《仪礼•士冠礼》。
④《礼记•杂记》。
⑤《诗经•周颂•丝衣》。
⑥《仪礼•士冠礼》。
⑦《仪礼•士昏礼》。
⑧《周礼•春官•司服》。
⑨《仪礼•聘礼》。
⑩《仪礼•士冠礼》。
⑪《周礼•春官•司服》。
⑫《礼记•玉藻》。
⑬《周礼•春官•司服》。
⑭《仪礼•士冠礼》。
⑮《仪礼•士冠礼》。
⑯《礼记•玉藻》。
⑰《公羊传•昭公二十五年》。
⑱《仪礼•士冠礼》。
⑲《周礼•春官•司服》。
⑳《礼记•玉藻》。
㉑《仪礼•特牲馈食礼》、《士冠礼》、《士昏礼》。

三公六卿锡衰，为诸侯缌衰，为大夫士疑衰，其首服皆弁绖。大札、大荒、大灾，素服。”公之“凶服，加以大功、小功”。士之“凶服，亦如之（大夫之服）”[1]。

王后礼服也有六等，[2]包括袆衣、揄狄、阙狄、鞠衣、展衣、缘衣，另有素纱为六服的里衣。其中袆衣、揄狄、阙狄为祭服。袆即翚，狄即翟。翚与翟均为鸡形目雉鸡种禽类，王后之服，刻缯为翚与狄之形，之后再加以彩绘，缀于衣上，以为文章。袆衣画翚，揄狄画翟，阙狄刻而不画。从王祭先从王祭先王服袆衣，祭先公服揄狄，祭群小祀服阙狄。鞠衣为告桑之服，黄色。王后春季向上帝祷告蚕事时服用。鞠字有养育之意，[3]黄色也是桑芽之色。展衣，白色，王后礼见王及宾客时服用。缘衣，黑色，王后御于王时服用，也是燕居之服。

王后之下，内外命妇按各自等级服用鞠衣、展衣、缘衣和素纱。内外命妇助王进行祭祀、会见宾客时，可以服用王后之服，助王后进行祭祀、会见宾客时，可以服用九嫔世妇之服。

《诗经•小雅•都人士》男女服饰合乎规矩，“全篇只咏服饰之美”[4]，诗文如下：“彼都人士，狐裘黄黄。其容不改，出言有章。行归于周，万民所望。彼都人士，台笠（避暑、避雨之冠）缁撮（缁布冠）。彼君子女，绸直如发。我不见兮，我心不说。彼都人士，充耳琇实。彼君子女，谓之尹吉。我不见兮，我心苑结。彼都人士，垂带而厉。彼君子女，卷发如虿。我不见兮，言从之迈。匪伊垂之，带则有余。匪伊卷之，发则有旟。我不见兮，云何盱矣。”

一旦衣着不合乎礼制，被人讥诮、议论，在所难免。更有甚者，还要付出生命代价，《左传•襄公二十四年》，郑子华之弟子臧好聚鹬冠（聚鹬羽以为冠，非法服），郑伯闻恶之，使盗杀之于陈宋之间。时人评论：“服之不衷，身之灾也”，并不同情子臧。荀子谓，“今世俗之乱君，乡曲之儇子，莫不美丽姚冶，奇衣妇饰，血气态度拟于女子”，处理这些人的办法是“束乎有司，而戮乎大市”[5]。

《礼记》“礼不下庶人”[6]，庶民不必要、也不允许追求只有士大夫、贵族才可以享受的特权。至于服装，私臣、庶人只能服用袗玄。袗玄也作袀玄，缁布冠、玄衣、玄裳、缁韠，全为玄

①《周礼•春官•司服》。
②《周礼•天官•内司服》。
③《诗•小雅•蓼莪》，“母兮鞠我”。
④［清］方玉润：《诗经原始》，中华书局，1986年，第460页。
⑤《荀子•非相》。
⑥《礼记•曲礼》上。

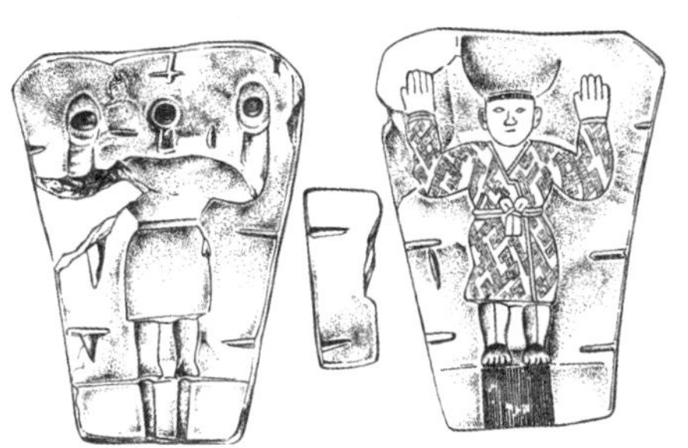

图1-1-6 山西侯马铸铜遗址人形范（临摹图）

图1-1-7 山西侯马铸铜遗址出土人形陶范复原像（临摹图）

色。[①]为卿士大夫中衣的袍、襦，庶人可以作为外衣穿着。[②]《论语·子罕》记载“衣敝缊袍，与衣狐貉者立，而不耻者，其由也与。”山西侯马铸铜遗址出土的东周[③]人形陶范标本中有，（IIT13H34:4、5）形制相同。人物形态做举手执役状，可见其身份不会太高。人物衣着为“着长衣，长及脚面，衣上饰宽条，内填纤细斜角雷纹。腰系带，打双蝴蝶结，穗下垂”[④]。抑或就是东周时期庶人着袍、襦的实况。

八、四裔之服

《尚书·尧典》，“蛮夷猾夏”。华夏以外的其他民族被统称为蛮夷，因其居住于华夏四方，又统称为四裔。《尚书·禹贡》分天下为九州，其中七州均记述了当地民族分布，通过其进献给中央王朝的贡品，也可以想见这些民族的经济形态以及服装特点。《禹贡》同其他古代经典一样，诸家解读纷纭，很多问题莫衷一是，下表据《尚书校释译论》[⑤]、《禹贡集解》[⑥]二书有关注释整理而成，仅供参考。

①钱玄：《三礼名物通释》，江苏古籍出版社，1987年，第44页。

②吕思勉：《先秦史》，上海古籍出版社，1982年，第342页。

③山西侯马铸铜遗址年代为春秋中期偏晚至战国早期，即公元前6世纪初至公元前4世纪初。遗址中期约相当于公演前530年至公元前430年，即晋国末年。标本IIT13H34:4和5、IIT13:10均出自二号遗址中期。参见山西省考古研究所：《侯马铸铜遗址》，文物出版社，1993年，第444页、第39页。

④山西省考古研究所：《侯马铸铜遗址》，文物出版社，1993年，第201页。

⑤顾颉刚、刘起釪：《尚书校释译论（第二册）》，中华书局，2005年，第521页。

⑥尹世积：《尚书集解》，商务印书馆，1957年。

《禹贡》所记民族方位与服饰表

	大致方位	民　族	该民族与服装有关的贡物
冀州	辽宁西部、河北西北部、河南北部、内蒙古中东部	岛夷，《夏本纪•集解》引郑玄注："岛夷，东北之民。"知岛夷是古代中国居于东北地区的民族，其实为我国东方（包括东北）原以鸟为图腾之族。文献中风姓（即凤姓）的太皞氏（《左傅•嘻公二十年》），纪于鸟的少皞氏（《左傅•昭公十七年》），玄鸟降生的殷商族（《诗•玄鸟》）等，原都是鸟夷。《后汉书•东夷傅》载天降下鸡卵所生的夫馀族及其祖先肃慎族，就更是《禹贡》冀州的鸟夷。	皮服（各种裘皮）
青州	山东北部、辽宁南部、朝鲜西部	嵎夷，古代东方"九夷"的总称，此指居住辽东的夷族。莱夷，古代山东半岛土著。	絺、丝、枲（麻）、檿丝（山桑丝）
徐州	山东南部、江苏安徽北部	淮夷，属于东方鸟夷族，原居今山东潍水一带，殷商、西周初期陆续迁往今苏皖淮河流域。	蚌饰、玄纤缟（赤黑色的缯、白色的缟）
扬州	浙江、江西、福建全部，江苏、安徽、河南南部、湖北东部、广东北部	岛夷，东海、南海大小岛屿上的少数民族。	卉服（精细的葛织物）、织贝（以贝缀为饰物）
荆州	湖南全部、湖北东南部、四川南部、贵州东部、广西北部	云梦泽附近诸国。	
梁州	四川全部、湖北西部、甘肃山西南部	和夷，古代分布于今四川雅安以南至凉山一带的少数民族。	熊罴狐狸织皮（毛织物、裘皮）
雍州	陕西北部、新疆、青海、西藏东部，内蒙古、甘肃南部	三苗，与华夏争战失利后，迁往长江流域，一部被逐往西北。 昆仑、析之、渠搜。西戎之属。	球琳（美玉）、琅玕（似玉之石）、织皮（毛织物、裘皮）

不考虑饰物，北方和西方民族给中央国家进贡的是毛织物和裘皮，东方民族进贡的是丝麻织物，南方民族进贡的是葛越，均为各地物产，也自然反映了当地民族的服装材料。

（一）织皮

织，指将毳毛织成罽。皮，裘皮。自辽东起，经内蒙古，直至西北、西南地区的民族均以畜牧为主业，织皮是他们最易取得的服装材料。如匈奴"自君王以下，咸食畜肉，衣其皮革，被旃裘"[①]，又如鲜卑"食肉饮酪，以毛毳为衣"[②]。

1988年，甘肃玉门出土新石器时期（不晚于4000年前）人形

① 《史记•匈奴列传》。

② 《后汉书•鲜卑乌桓列传》。

图1-1-8 甘肃玉门出土的彩陶人、彩陶靴（临摹图）

彩陶，胸、腹部饰方格纹，下身穿不连裆裤和翘头靴。①

新疆哈密五堡墓地M151、M152古墓反映了当时成年女性装束。②M151女尸H服饰“棕色长发辫仍完好，发辫中夹有毛线假发，插有一枚骨针。身着彩条毛布长袍，残朽严重。腰扎毛布带，穿高鞠皮靴，靴底有多次修补疤痕，小腿到靴鞠扎毛布绑腿，外着皮毛大衣”。M152女尸“身着毛布衣，外披皮衣（仅存残片），脚穿高鞠皮靴（右脚靴缺失，左脚1只尚穿在脚上）”。古墓断代约当中原西周时期。

毛布长袍（M151:32）以土黄、咖啡、宝蓝三色宽彩条斜纹毛布多幅缝联而成。毛布料幅宽36厘米。套头式，无领，胸、腰、臀部未剪裁。左、右肩部接长27厘米、宽1厘米的短袖，因袍体特别宽松，实际袖长可以满足手臂的要求。腰部束毛带，既可保暖，又显体形。毛带宽3厘米，以绿色、深咖啡双色毛线编织而成，显咖啡、绿色相间的三角形图案。带之左右端缀附以小铜片卷合而成的刺叭状小铜铃，铜铃通长3.5厘米，随步而动，颇具风韵。整件长袍色调素雅。另有衣袖残部，以深棕色毛布为料，袖端以粗毛线收攒成紧口。

编织毛线帽（151：41），深棕色细毛线编织而成，毛线直径0.1厘米。自顶部向下，逐次展开。使用传统平针针法中的纽针法编结而成。

皮靴是五堡人当年主要鞋具，帮、底用牛皮，靴筒用羊皮。出土时部分皮靴仍然穿于脚上，共见4只靴，1只鞋底，鞋底使

① 黄能馥、陈娟娟：《中国服饰史》，中国旅游出版社，1995年，第8页。

②《新疆文物考古新收获（续）》，第110页。

用3层牛皮缝合，厚达0.5厘米。皮靴制作已程式化，鞋帮、鞋面使用两块牛皮缝合。因鞣制不佳，在鞋面正中，又缝接一小块牛皮，既增变化、美观，也有增强弹性，便于穿、脱的作用。以M151:5皮靴为例，底长26.15厘米、靴高18厘米。

距五堡墓地不远、断代也接近的艾斯克霞尔墓地出土的男尸反映了当时成年男性装束。[①] M1号墓墓主头缠彩色条纹毛布裹巾，其上缝缀彩色毛线编织带和串珠饰，上身穿红褐色毛布长袍，腰系本色毛编织带，下身着黄绿色毛布长裤，系彩色毛编织带，脚穿毡袜和皮靴。随葬还有一双缝缀铜扣的皮靴。M3号墓上层男性（A）脚穿皮靴，身穿褐色毛布外衣，左手腕戴皮护腕。身侧、胸前各置1双皮靴，其中1双上缀有7枚铜片。下层老年女性（B），头戴褐色毛布帽，左侧置假发辫，身穿褐色毛布袍，腰系彩色毛编织带，脚穿皮靴。随葬品还有骨纺轮、骨针。

该墓地共出土服饰47件，有帽、长袍、裤、靴、袜、裹巾及编织带等。所用原料有毛、皮两类。成形可辨形制的服装中，毛布袍M2:25为套头式，身长约130厘米、肩袖通长168厘米。平纹组织，经、纬以平纹交织，棕地上织出黄、蓝、红色宽窄不一的条纹。袍前后各用两片幅宽42厘米的面料竖向拼缝成直筒形，前片上端留出领口，两袖各用一块缝合。下摆缘、袖口均缝缀两至三道斜编毛绦带作装饰，绦带宽1.3厘米至1.5厘米，颜色分有棕红、草绿、土黄。M5:5，棕地条纹袍下摆残片，残长110厘米、残宽50厘米。

帽有编织帽和毛布帽2种。毛线编织帽3件，深褐色或驼色，圆筒形，上小下大，无檐，一件两侧缝缀系带。毛布帽2件，深褐色，长方形，缝制。毛线编织带，为死者腰带和裤带。有白色毛线编织带和深褐、土黄两色毛线编织带。毡帽，用深褐色软毡裁剪缝合，仅存两块残片，似帽耳，其中一块上缝缀发辫作装饰。残长40厘米、宽20厘米。皮制品有皮衣、靴和袜。皮衣分为毛皮大衣和无毛大衣。鞣制，皮熟柔软，出土时包裹在尸体上，均破损。用数块羊皮拼合，皮线缝制而成。直筒形，前开襟，圆形领口上加缝领缘，两袖各为一块皮缝合。M1:12，圆立领，腰身宽大，窄长袖，袖口呈马蹄形，手腕处接缝手套，工艺精湛。身长95厘米、宽61厘米，袖长193厘米、宽17厘米。M2:8，圆立

①新疆文物考古研究所、哈密地区文物管理所：《新疆哈密市艾斯克霞尔墓地的发掘》，载《考古》2002年第6期。

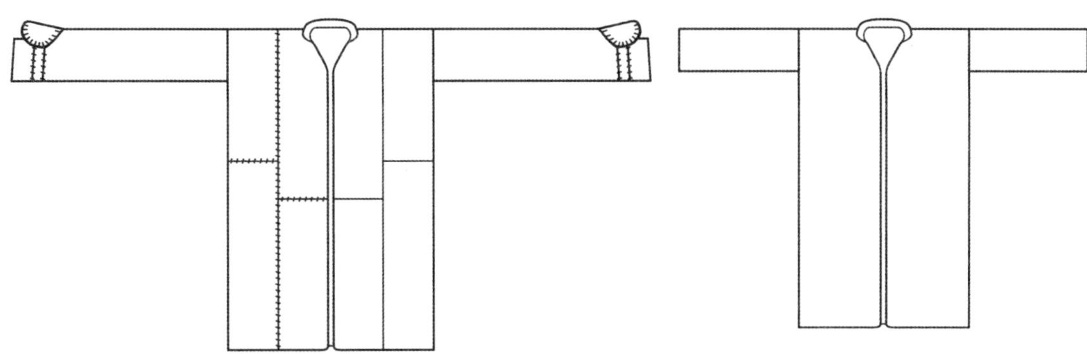

图1-1-9　新疆哈密艾斯克霞尔墓地出土的皮衣款式图（临摹图）

领，窄腰身，窄袖。身长94厘米、宽50厘米，通袖长124厘米。

护腕（M2:5）用一块长方形牛皮圈成筒形，上粗下细，两侧各有3个系孔，孔内穿皮带系合。直径5.2至7.5厘米、高12.3厘米。皮靴12双，分实用器和明器，明器上多缀有铜扣和铜片饰。面、底分别裁剪，皮线缝合，靿直筒形，靴头圆形，底椭圆形。M4:7由四块羊皮拼缝，高靿，靴脖及底前后缝有补丁，靿口有两排装饰孔。底长22.6厘米、高36.2厘米。M1:13为一块羊皮于靴后缝合，短靿，靴面由前后两块牛皮拼缝，靴脖系有一条羊皮带，内侧系结。底长29.9厘米、高30厘米。C:26靿由五块长条形羊皮竖向拼缝，已残，靴面由两块羊皮缝合，下缘有补丁，底为一块厚牛皮，有补丁。底长21.9厘米、残高22.8厘米。断为明器的M1:9由三块羊皮拼缝，短靿，脖处有一条皮系带。靴头、两侧缝缀铜扣和铜片饰。底长13.8厘米、高16.2厘米。M2:28高靿，靿前开口，缘边对称圆孔，孔内穿皮系带，靴头、靴脖缝缀铜片。底长6.3厘米、高8.8至9厘米。皮袜2双。羊皮质地，皮线缝合。M4:11直筒形短靿，皮质较硬，袜头收缩成尖勾状。底长约16厘米、高32.5厘米。

在外蒙古诺颜山大型匈奴墓葬中有完整的衣物出土，其中断代为公元前1世纪至公元后1世纪期间六号墓出土一件原为绛紫色，后因褪色变成黄色的外衣，长117厘米，连袖宽194厘米，两肩和身背后镶有貂皮和旱獭皮，领口和袖口镶有旱獭皮。同时还发现有用毛织品做成的棕色裤子。两条裤腿各有一道横线。裤长

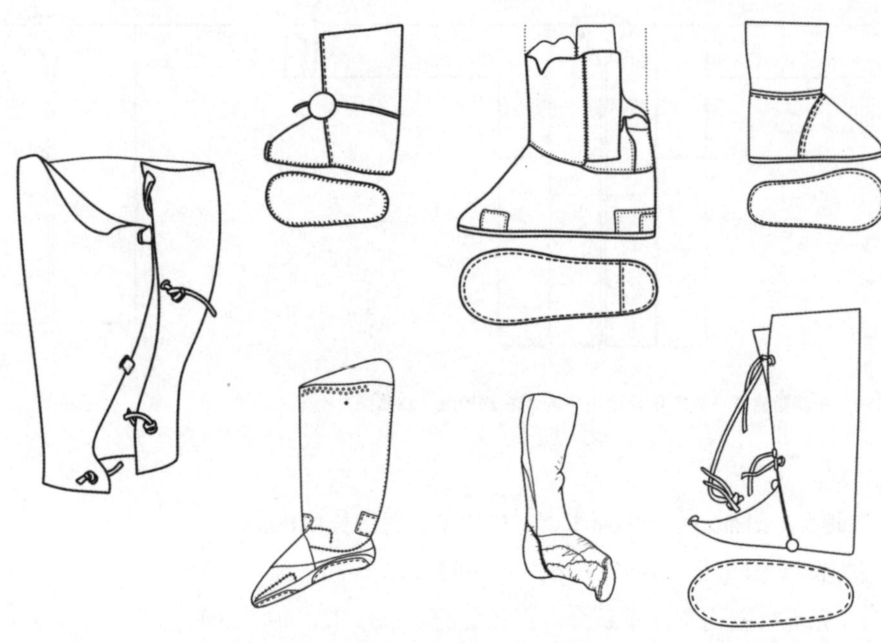

图1-1-10 新疆哈密市艾斯克霞尔墓地出土护腕、皮靴、皮袜线描图（临摹图）

图1-1-11 辽宁西丰西岔沟出土武士驱车纹饰牌线描图（临摹图）

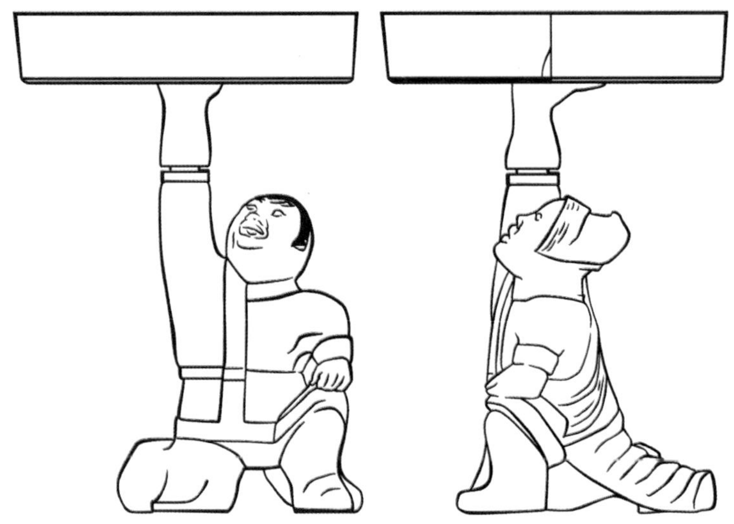

图1-1-12 “当户锭”人形铜灯线描图（临摹图）

114厘米，裤腰周长116厘米。

阴山山脉位于内蒙古中南部，在我国古代北方游牧民族的历史上占有极其重要的位置。古代游牧民族，诸如北狄、匈奴、鲜卑、突厥、回鹘、党项、蒙古等都先后交替在这里活动，时间长达数千年之久。分布于阴山周边的岩画，[1] 生动地记录了生活在这里的游牧民族的劳动、娱乐场景，也反映了他们的服饰。

图1-1-12的人形铜灯铭文标示此铜灯名“当户锭”。“当户”为匈奴职官名。此铜人服饰应属胡服，短衣直襟左衽，衣后部束成一长尾状拖曳于地，以支持灯座不致倾倒二手有臂褠，脚着长靴。铸匈奴官吏的形象来跪擎铜灯，反映了当时汉和匈奴之间的矛盾。

游牧民族非常重视身体装饰，内蒙古杭锦旗桃红巴拉出土的七座古墓是早期匈奴文化的遗存。其中桃M1墓主为成年男性，出土时在头骨两侧有金耳环各一，颈部有石串珠，腰部有铜环饰、铜带扣、铁刀，胸部与腰部之间有铜管状饰、兽头形饰和圆扣形饰，腿部有联珠状铜饰。经清点，墓地共出土带扣及各类饰品多件。

①盖山林：《阴山岩画》，文物出版社，1986年。

桃红巴拉出土饰品一览表

编号	饰品及其数量、式样
桃M1	带扣、环饰2. 兽头形饰（I）、鸟形饰牌2（I）（II）、长方管状饰2、圆管状饰20（I）5（II），扣形饰62（I）、联珠状铜饰45, 十字形饰、石串珠、金耳环2
桃M2	带扣、环饰2、圆管装饰11（I）、扣形饰27（I）、石串珠
桃M3	环饰、兽头形饰2（I）、手形饰、长方管状饰、扣形饰2(II)、石串珠
桃M4	带扣、环饰、扣形饰11（I）、联珠状饰11、环、石串珠
桃M5	带扣、环饰4、长方形牌饰、长方管状饰嘴、圆管状饰（I）、扣形饰（I）8（II）、石串珠
桃M6	带扣、环饰2、兽头形饰（II）、长方管状饰3、圆管状饰3 （I）、扣形饰19（I）、石串珠
公M1	鸟形饰牌11（III）、扣形饰3（III）、环、石串珠

带扣均为环形，钮稍方有孔。与钮相对的一边，环上有勾外向。此种带扣均出土于腰部附近，推侧为腰带扣，用途与带钩同。上饰有弧形交错纹，有的其间杂有连点纹。在种类繁多的装饰品中，以环状带扣、铜环饰和动物形饰牌为其特征，而且经常是成组出土，是草原游牧民族的特殊艺术风格，是与他们的生活条件息息相关的。[①]

（二）丝麻

东方民族以丝麻纺织见长。距今约六千年的山东烟台白石村新石器时代早期遗址所出土骨针中的小型针通长3厘米，直径仅1毫米，而针眼只有0.5毫米。骨笄也相当进步，不仅通体磨制光滑，并出现薄圆饼形笄帽，饼之周边还刻以纹饰，此类骨笄之先进，连龙山文化中也未见过。“制作之精，令人瞠目”，“若不是出自明确的地层之内，简直使人难以置信。”[②]

之后的大汶口文化“是少昊民族的文化”，持续千余年，幅员数千里，其晚期距今约五千余年，与服装有关的文物，一是陶器底部的布纹印痕，野店遗址的布纹印痕纹路直而粗糙，为一经一纬交织成的平纹布，经纬线每平方厘米8根左右，可能是麻类纤维织物。三里河遗址发现的布纹，经纬线比较细密，每平方厘

①田广金：《桃红巴拉的匈奴墓”》，载《考古学报》1976年第1期。

②栾丰实：《东夷考古》，山东大学出版社，1996年，第86页。

米各有13根左右，也为平纹。用于制陶垫底的粗布，肯定不是当时的纺织精品。二是石、陶纺轮和孔径细小的骨针有大量出土，也可以大致推断出大汶口文化纺织、缝纫技术的发达程度。

继大汶口之后的龙山文化，距今约4600-4000年，大致相当于夏代之前和夏初略有交错，纺织水平进一步提高，纺轮数量多，质量好，形式也多样，形状有拔形、圆台形、扁圆柱形和鼓形等多种。尚庄大汶口文化层仅见2件纺轮，而龙山文化堆积内则出土42件；鲁家口大坟口文化层共出土2件纺轮，且均为废陶片改制而成，龙山文化层内则发现25件；姚官庄出土龙山文化纺轮50多件，尹家城和丁公则均超过100件，其他遗址也有类似情况。其次，龙山文化用布垫底制作的陶器也很多，这种布纹也比大汶口文化的更加精细。

（三）卉服

南方气候温暖湿润，植物品类繁多，为当地民族采集植物性服装原料提供了良好的自然条件。

距今约6000年的草鞋山遗址第十层，出土了三块已经炭化的纺织物残片。经上海市纺织科学研究院、上海市丝绸工业公司鉴定，认为纤维原料可能是野生葛。[①]被认为目前我国发现的最早的纺织品实物。[②]且该织物为纬起花的罗纹织物，花纹为山形斜纹和菱形斜纹，显然已经不是该文化纺织技术的初级阶段。葛是豆科多年生草本植物，以葛制衣，恰应卉服之名。

良渚文化距今约5000至4000年。除1958年浙江湖州钱山漾良渚文化遗址曾出土丝织品和麻织品外，1988年在浙江宁波市慈城的慈湖遗址曾出土有两只木屐，均为左脚。T503（上）:1，前宽后窄，底部平整，底有五个小孔，前头部一孔磨损成半月形，后端两组四孔间距较近，两孔间挖有凹槽，槽宽和孔径相同，均为1厘米，屐长21.2厘米、头宽8.4厘米、跟宽7.4厘米，推测屐是用绳子穿过小孔嵌于槽内和足面系牢的。T302（上）:1，前宽后窄，前圆后方，底部六孔，其中前头部一孔磨损成半月形，后端两组四孔间距较近，两孔间挖凹槽，槽宽和孔径均为1厘米，屐的两侧略为凸隆，横截面呈“凹”字状，长24厘米、前宽11厘米，跟宽7厘米。”这两只木屐距今5300年左右，是至今为止世界上最早的木屐实物。这种木屐很适合江南地区穿着，因此流传久

①南京博物院：《江苏吴县草鞋山遗址》，载《文物资料丛刊》1980年第3辑。

②王玉哲：《中国古代物质文化》，高等教育出版社，1990年，第52页。

远，据说直到20世纪六七十年代，在杭州的一些公共浴室中还有使用。①

此外，良渚文化墓葬中还出土有一种带钩状玉器，形体较为厚重，平面作长方形，正面略作圆弧状凸起，背面与两侧平直，一端为圆孔，另一端为钩。带钩状玉器的出土部位，大约相当于人体胯部，可能即为带钩，也有可能是一端穿在系带上，另一端用于挂物的钩。这种带钩状玉器可能主要是良渚男子装束。

春秋时的越国依然长于织葛。《吴越春秋·勾践归国外傅》记载“越王曰：‘吴王好服之离体。吾欲采葛，使女工织细布献之’……乃使国中男女入山采葛，以作黄绿之布……使大夫种索葛布十万。” 后世也把越地所出葛布视为上品，西晋左思在《吴都赋》中就说，“蕉葛升越，弱於罗纨”。

①浙江省文物考古研究所：《良渚遗址群》，文物出版社，2005年。

第二节　胡服骑射

赵武灵王“胡服骑射”是重要的先秦历史事件，在此事件中直接把“胡服”作为改革的重要内容之一，也是较早的有史可查的民族服饰之间的融合范例。战国初年，各国纷纷变法图强，魏、韩变法后强盛一时，秦国更借商鞅变法，一跃成为诸国之雄。同时，各国之间的兼并战争也愈演愈烈，赵国的安全环境日益恶劣。赵武灵王即位的当年，便爆发了赵与齐、魏的战争，并以赵国失利告终。赵国与燕、秦、中山的摩擦也接连不断。赵武灵王分析形势时说：“今中山在我腹心，北有燕，东有胡，西有林胡、楼烦、秦、韩之边，而无强兵之救，是亡社稷，奈何？”经过深思熟虑，他提出：“吾欲胡服。”①

赵武灵王认为，赵国先君能够开疆拓土，就是因为能够“因世之变”。要想弘扬“简襄之烈”复兴赵国，就必须继“先王之意”，破除保守的礼法。而破除礼法，改变人的精神面貌，自当始于衣冠。衣只是为便用，礼只是为便事，乡有异服用随之变，事有异礼俗随之变。只要可以利国，就不必强求服饰的统一，只要可以便事，就不必强求礼俗的一致。同时，中国早有“舜舞有苗，禹袒裸国”怀柔异族的故事，服胡服同样可以起到“计胡狄之利，启胡狄之乡”，使胡人为我所用的目的。通过招徕胡人、教民骑射，可以快速建立起一支强劲有力的骑射部队，近可保境，远可称雄。

赵武灵王推行胡服之初，“群臣皆不欲”。赵武灵

①《史记•赵世家》。

王亲自对反对者中的关键人物，他的叔父公子成做思想工作。[①]公子成后来终于改变态度，穿胡服上朝，以示支持。在得到贵族阶级的支持后，赵武灵王于其即位第十九年（公元前307年）发布胡服令，“胡服，招骑射”。次年，赵武灵王命“代相赵固主胡”，招募胡人参军。同年，在原阳建立骑兵训练基地。后来，原阳骑兵在赵国的对外战争中屡建殊勋。[②]二十四年，“使吏大夫奴迁于九原，又命将军、大夫、嫡子、戍吏皆貉服”[③]。二十五年，“使周袑胡服傅王子何”。二十六年，“攘地北至燕、代，西至云中、九原”。二十七年，传位于赵惠文王，自号为主父，以便专心“身胡服将士大夫西北略胡地，而欲从云中、九原直南袭秦”。惠文王二年，“主父行新地，遂出代，西遇楼烦王于西河而致其兵”。三年，“灭中山，迁其王于肤施。起灵寿，北地方从，代道大通”。至此，胡服骑射改革措施的实施过程基本完成。

王国维曾作《胡服考》讨论胡服的源流与形制，但重点放在了金珰饰首、貂尾大冠、黄金师比等高级服装方面。这些服饰尽管华美异常，但与中原相比仍有差距。且北方民族制作服装的精美衣料，也全都依靠中原供给。如果赵武灵王追求华美与舒适，大可不必舍近求远。

胡服形制，前文已有分析，其特点是上衣袍，下衣裤、靴，腰束革带，便于行动，非常适合游牧渔猎生活。身穿胡服骑马射箭的作战方式，也要比中原车战灵活得多。史记所见与赵武灵王有关的服装，首服有貂蝉冠，《后汉书•舆服志》引胡广言“武灵王效胡服以金珰饰首前插貂尾为贵职。秦灭赵以其君冠赐近臣。”即以金珰饰冠，冠下垂两条貂尾，以表尊贵。还有鵔鸃冠，即用鵔鸃羽毛作装饰的冠，《淮南子•主术训》“赵武灵王贝带鵔鸃而朝。”《后汉书•舆服志》注赵惠文冠又叫鵔鸃冠。武冠《后汉书•舆服志》载“武冠俗谓之大冠。环缨无蕤，以青系为绲，加双鹖尾竖左右，为鹖冠云。”沈从文《中国古代服饰研究》引《古禽经》言“鹖冠武士服之像其勇也。”“故武灵王以表武士。”足服为靴。《中华古今注》谓“靴者，盖古西胡也，昔赵武灵王好胡服，常服之”。《释名》谓“靴字不见于经，至赵武灵王始服”。

①“寡人胡服，将以朝也，亦欲叔服之。家听於亲而国听於君，古今之公行也。子不反亲，臣不逆君，兄弟之通义也。今寡人作教易服而叔不服，吾恐天下议之也……今寡人恐叔之逆从政之经，以辅叔之议。且寡人闻之，事利国者行无邪，因贵戚者名不累，故愿慕公叔之义，以成胡服之功。使緤谒之叔，请服焉。”——[汉]司马迁：《史记》。

②《战国策•赵策二》。

③《水经注》卷三引《竹书纪年》。

赵武灵王“胡服骑射”改革在各国产生巨大影响。齐、楚等国纷纷效仿，齐将田单率军攻狄，三日不下，齐国儿歌戏谑他“大冠若箕，修剑拄颐，攻狄不能，下垒枯丘”。鲁仲子也曾对田单说：“当今将军东有夜邑之奉，西有菑上之虞，黄金横带，而驰乎淄渑之间”。南方的楚国在战国末期已是“小腰秀颈，若鲜卑只”，鲜卑即胡带钩，是胡人服饰的一种。[①]自此以后，胡服在中国大行其道，成为中国人的日常着装。

赵武灵王“胡服骑射”的意义至少有三点：一、增强了军队的作战实力，巩固了政权。赵武灵王的伟大之处在于以一个文化发展水平相对较强的民族向文化发展水平相对弱的民族学习，并在重重阻力下一步步达到富国强兵的目的，从而使赵国成为一个军事强国。二、弱化了服装身份地位的象征而强调了其功能性。在古代，服饰是等级的标志、地位的象征，所谓“昭名分、辨等威”。赵武灵王提倡的胡服则弱化了服饰身份地位的标志，而强调了其实用的功能——“衣服器械各便其用”，在这个时代是殊为不易的。三、“胡服骑射”促进了中原华夏民族与北方游牧民族服饰的融合与文化的融合，具有深远的历史意义。周锡保先生认为：“赵武灵王改变服饰，当时亦有影响他处者，也给后来的服饰起了不小的影响。”[②]

小结

揆诸上古史，华夏族何所自来都是一个极为复杂的问题。殷商和东方民族关系密切，而周人的祖先，也曾混迹戎狄不知许年，期间彼此关系时好时坏，后又重归农业文明，宾服于商，历数代奋发，终奄有区宇，成为华夏正宗。这样一个经历复杂的民族，其制礼作乐，如果包含“异族”音符与片段，也是不足为奇的。总之，不同文化的交流碰撞，催生了华夏民族，当然也使得华夏服装很早就吸纳了各种不同的夷蛮戎狄元素，[③]最终形成自己的面貌。

周朝建立后，诸夏与戎狄杂处的局面并没有改观，二者之间的交流与融合甚至构成了先秦史的一条重要线索。[④]“诸侯用夷礼，则夷之，进于中国，则中国之”，抑或“用夏变夷”，是

①王国维：《胡服考》，《观林辑林》，中华书局，1956年，第1069页。

②周锡保：《中国古代服饰史》，中国戏剧出版社，1984年，第62页。

③吕思勉：《先秦史》，上海古籍出版社，1982年，第331页。

④任晓晶：《论春秋时期晋国与戎狄的民族融合》，载《沧桑》2009年第1期。

惯常的思维模式。如秦国，其先人因有功于商，被封在“西垂（陲）”[①]。秦人遂在西戎地区与诸戎混杂在一起，从此“杂戎狄之俗”[②]，“染戎翟之教”[③]。关东诸国因此非常瞧不起秦国，称秦为“秦戎”[④]、“秦翟（狄）”[⑤]、“狄秦”[⑥]、“夷”[⑦]。秦国高级服装一样也是“锦衣狐裘，颜如渥丹”、“黻衣绣裳。佩玉将将”[⑧]，行役军戎服装则有“袍”、有“袢”[⑨]，其实即上长衣下袴的服装形制。秦孝公即位后，深感“诸侯卑秦，丑莫大焉”[⑩]，遂重用商秧，推行变法。商鞅变法得以一向重要内容，即改变社会风俗习惯，“始秦戎翟之教，父子无别，同室而居。今我更制其教，而为其男女之别”，“令民父子兄弟同室内息者为禁”。商鞅变法的成果是，“移风易俗，民以殷盛，国以富强”[⑪]。

与之相反，很多诸侯采以“用夷变夏”的策略治理国家。较古老的例子有周太王之子太伯、仲雍，为让贤不争，乃奔荆蛮，文身断发，为吴国之始。[⑫]还有齐太公治国，因其俗，简其礼，通商工之业，便鱼盐之利，而人民多归齐，遂为大国。[⑬]很明显，吴国和齐国统治者为争取当地原住民族的认同，至少是在一定程度上舍弃了华夏衣冠。

春秋战国时期特殊的时代背景使得“诸夏与戎狄杂处”成为历史的必然，各国在战争与和平的交替中完成了民族之间服饰的融合。具有代表性的赵武灵王“胡服骑射”因其以具有较高文明民族身份，而向处于“下位”的较低文明民族学习其服饰而闻名。在特定的群强环伺的历史环境之下，赵武灵王提出了“夫有高世之名，必有遗俗之累”[⑭]这一理论，实属不易。

①《史记•秦本纪》。
②《史记•六国年表序》。
③《史记•商君列传》。
④《管子•小匡篇》。
⑤《战国策.魏策四》。
⑥《谷梁传•僖公三十三年》。
⑦《公羊传•昭公五年》。
⑧《诗经•秦风•终南》。
⑨《诗经•秦风•无衣》。
⑩《史记•秦本纪》。
⑪《史记•商君列传》。
⑫《史记•吴太伯世家》。
⑬《史记•齐太公世家》。
⑭［汉］司马迁：《史记》。

第二章　魏晋南北朝时期民族服饰融合研究

第一节　魏晋南北朝时期服饰概况

公元3世纪初至6世纪末的魏晋南北朝时期，政局动荡而战乱频繁，这种不安定性对当时的经济、文化以及人们的思想都产生了极大的影响，同时也使得各民族之间的交流与交融大大增加，[①] 因此无论在生产技术还是文化习俗等诸多方面都相互影响，这其中也包括服饰。

一、男子服饰

魏晋南北朝时期的服饰具有一种飘逸的色彩，这和它宽松的剪裁有关，魏晋时期典型的一些服饰款式都是宽衣文化的代表，如大袖衫。这种魏晋士人喜欢穿着的大袖宽衫，宽博的衣身与大大的袖子使之别具一番飘逸的风度。衫有单、夹二式，面料有纱、布等，颜色一般较为素雅，以白色等浅色为多。魏晋时期的首服有巾、冠和帽，“整法服，冠通天，佩玉玺，玄衣纁裳，画日月火龙黼黻华虫粉米。寻改车服，著远游冠，前安金博山，蝉翼丹纱里服。”[②]“魏武帝以天下凶荒、资财匮乏，始拟古皮弁，裁缣帛为白帢，以易旧服。”[③]“昔魏武军中，无故作白帢，此缟素凶丧之征也。”[④]巾以纶巾为多，是用丝带编成的方形头巾，“季龙又常以女伎一千人为卤簿，皆著紫纶巾、熟锦裤、金银镂带、五文织成靴，游台上。”[⑤] 此外还有幅巾，是用彩色丝绢裁成的头巾。以“竹林七贤”嵇康、阮籍、山涛、王戎、向秀、刘伶、阮咸为代表的士人“任情放达，风神萧朗，不拘于礼法，不泥于形迹。”[⑥]刘伶曾对访客说出“我以天地为栋宇，屋室为裈衣，诸君何为入我裈中？”这样放浪不羁的话来，

①“少数民族第三次内迁浪潮发生在西晋初年。”——陈琳国：《中古北方民族史探》，商务印书馆，2010年，第3页。

②[晋]陆翙：《邺中记》。

③《晋书•五行志》。

④[晋]《搜神记》。

⑤[晋]陆翙：《邺中记》。

⑥“魏晋名士之人生观，就是得意忘形骸。这种人生观的具体表现，就是所谓‘魏晋风度’：任情放达，风神萧朗，不拘于礼法，不泥于形迹。”——叶朗：《中国美学史大纲》，上海人民出版社，1985年，第204页。

图2-1-1　《竹林七贤与荣启期》局部

这些魏晋时期典型性的人物代表了此时的风尚。我们在南京西善桥南朝墓出土的南《竹林七贤与荣启期》砖画中可见竹林七贤的服饰形象（见图2-1-1）。

二、女子服饰

女子服饰有礼服和便服。且看史料中对此时期女子礼服的的记载："魏之服制，不依古法，多以文绣。晋依前汉制，皇后谒庙，服皂上皂下；蚕，青上缥下。隐领袖缘。元康六年，诏以纯青服。贵人、夫人、贵嫔，是为三夫人，皆金章紫绶。九嫔银印青绶，佩采瓄玉。助蚕之服，纯缥为上下。皇太子妃，金玺龟钮，纁朱绶，佩瑜玉。诸王太妃、妃、诸长公主、公主、封君，金印紫绶，佩山玄玉。自公主、封君以上，皆带绶，以采组为绲带，各如其绶色，金辟邪首为带玦。郡县公侯太夫人、夫人，银印青绶，水苍玉。公特进列卿代妇、中二千石夫人入庙助祭者，皂绢上下；助蚕者，缥绢上下。自二千石夫人以上至皇后，皆以蚕衣为朝服。"①

魏晋时期女子服饰的特点也较为宽博，具有飘飘欲仙之感。曹植名作《洛神赋》中所描述的"洛神"，其原型相传为曹植之兄曹丕的夫人。《洛神赋》中描写洛神的句子说她"翩若惊鸿，矫若游龙"，这也可以看作是魏晋女子服饰风格的写照。在传世

①《通典》。

图2-1-2 《女史箴图》局部

画作《女史箴图》中也有穿着宽博服饰的女子形象（见图2-1-2），其服装整体具有一种飘逸出尘的气息，袖子阔大而下摆拖曳至地。

女子便服主要包括衫、袄、襦、裙和深衣，还有装饰性的帔子。深衣的一种是将下摆裁制成数个三角形的布条，上宽下尖，层层叠叠，名为“髾”。并在围裳中装饰数条飘带，层叠的裙摆加上长长的裙带，别有一种风姿，故有“华带飞髾”的形容。①

足服所穿的履，其面料有丝、锦、皮、麻，装饰手段各异，如绣花、嵌珠、描色等。此时妇女发髻种类很多，有飞天髻、百花髻、灵蛇髻②、芙蓉髻、惊鹤髻、凌云髻，等等，总体特征都是具有一种灵动的美。

①华梅：《中国服装史》，中国纺织出版社，2007年，第36页。

②关于灵蛇髻还有一个动人的传说，传说的主人就是前面提到的甄后，《采兰杂志》有这样的描写：“甄后既入魏宫，宫廷有一绿蛇……每日后梳妆，则盘结一髻行于后前。后异之，因效而为髻，巧夺天工。故后髻每日不同，号为灵蛇髻。宫人拟之，十不得其一二。”从这个具有传奇色彩的传说中，我们可以看出魏晋时期发髻的巧妙与美丽。

第二节　袴褶（裤褶）、裲裆与魏孝文帝服饰改革

一、袴褶（裤褶）与裲裆

服饰的融合是体现魏晋南北朝时期民族融合的一个重要方面，因为战乱和相互交流的增多，中原地区百姓的服饰受到北方少数民族服饰风格的影响，在一些服装款式上出现变化，衣服的整体造型更为适体，具有代表性的就是上衣下裤类型的裤褶与类似现代马甲的裲裆。

(一)袴褶（裤褶）

袴褶（裤褶）是上衣下裳的形制，其上为褶、其下为裤，分裁分制，其特点是便于骑马作战。《急就篇》中对其的解释如下："褶为重衣之最上者也，其形若袍，短身而广袖，一曰左衽袍也。"《释名》曰："褶，袭也，覆上之言也。"褶一般不过膝，衣身较为紧窄，北方少数民族的褶为左衽，流传至中原后被改为右衽，袖子本为窄袖疑至中原后改为大袖："(袴褶) 盖胡人之服。疑'褶'之名实袭诸胡，中国易其左衽为右衽，又改其制若中国之袍，而特袭其短身？胡人之褶盖小袖，中国则易为广袖也。必广袖者，古以侈袂为贵，且中国不如胡中之寒，无取乎小袖也！"[①]

"袴"，即裤子，原为北方少数民族的下裳，利于劳动和作战。《邺中记》中有"石虎时著金缕合欢袴"的句子。《释名•释衣服》曰："跨也，两股各跨别也。"《急就篇》颜注曰："袴，谓胫衣也，大者谓之倒顿，小者谓之校口。"袴褶的束腰，一般多用皮，贵者以金银为材质。

关于裤褶，史料中有较多记载。如《晋书•舆服志》记载：

①吕思勉：《两晋南北朝史》，上海古籍出版社，2005年，第1024页。

“袴褶之制，未详所起。近世凡车驾亲戎，中外戎严服之。服无定色……”《晋书•杨济传》记载:“(杨) 济有才艺，尝从武帝校猎北芒下，与侍中王济俱著布袴褶，骑马执角弓在辇前。”王国维《观堂集林•胡服考》记载:“以袴为外服，自袴褶服始。然此服之起，本于乘马之俗。”“袴褶魏、晋以来，以为车驾亲戎，中外戒严之服。晋制虽有其说，而不言其制。然既曰戒严服之，必戎服也。”[①] 晋《义熙起居注》记载：“安帝诏曰，‘诸侍官戎行之时，不备朱衣，悉令裤褶从也。’”由此可知其流行的程度。我们在一些文学作品中也可以看到当时裤褶服的普遍服用，如“叟谓之曰：‘老子今若相许，脱体上袴褶衣帽，君欲作何计也？’讥其惟假盛服。璨惕然失色。”[②] 又如，“彦伯弟仲远……仲远弟世隆……正月晦日，令、仆并不上省……（令王）车入，到省西门……令王（尔朱世隆）著白纱高顶帽，短黑色，傧从皆裙襦袴褶，握板，不似常时章服。”[③]

缚裤也是此时较具代表性的下裳，缚裤的产生可以说是民族服饰融合的产物，袴褶虽轻便，但却离汉族传统袍服之式相去甚远，而其使两腿分开的款式更似对祖宗不敬，因此有了将下袴加肥的样式。这种款式有些像现代的裙裤而比裙裤更长，虽有翩翩之意但并不利于活动和行走，于是缚裤应运而生。这种款式是在裤子的膝盖以下以布条系扎。

袴褶可以说是特定历史时期的产物，名起于汉末的袴褶服在魏晋南北朝时期达到了它流行的高峰，这种将汉族服饰元素与北方少数民族服装款式相结合的服饰一直流传到唐代，“袴褶之制：五品以上，细绫及罗为之，六品以下,小绫为之，三品以上紫，五品以上绯，七品以上绿，九品以上碧。”[④]《唐会要》“章服品第”条，“九品以上，朔望朝参者，十月一日以后，二月三十日以前，并服袴褶。五品以上,著珂伞。”[⑤]《唐六典》“礼部郎中员外郎”条:“凡千秋节,皇帝御楼,设九部之乐,百官袴褶陪位，上公称觞献寿。”[⑥]

从以上文献可以看到，袴褶服这种来自于少数民族服饰、最早作为军服的服装款式已经登入朝堂，但袴褶服其形制和中原地区传统的服饰文化相悖，因而并没有在后世成为主流，唐德宗时期，袴褶之制更曾被废止：“德宗贞元十五年，膳部郎中归崇敬以百官朔、望朝服袴褶非古礼，上疏云：‘按三代典礼，两汉史籍，并无袴褶之制，亦未详所起之由。隋代以来，始有服者，请

①马端临：《文献通考》卷一百十二王礼考七。
②《胡叟传》。
③《尔朱彦伯传》。
④《新唐书》。
⑤《唐会要》卷三十一。
⑥《唐六典》卷四。

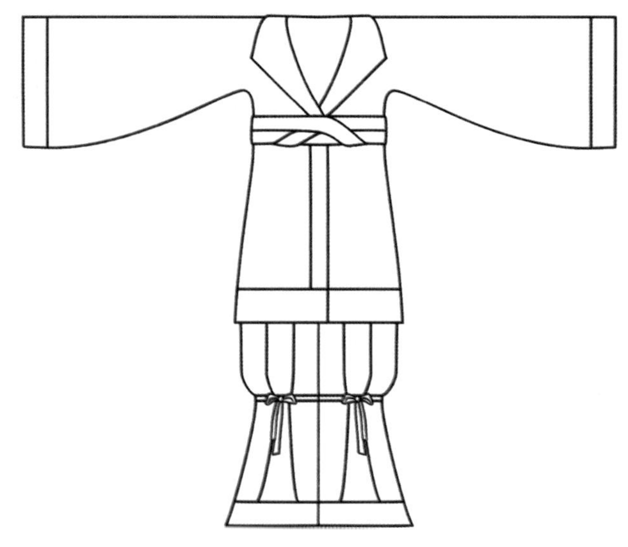

图2-2-1 着袴褶服男子俑（右）及袴褶服款式图（临摹图）

罢之。’诏：‘可’”[①]。

（二）裲裆

裲裆相当于我们现在所穿的背心，一直沿用至今，南方称马甲，北方称坎肩， 应为男女均服之服式。“其一当胸，其一当背也”[②]。其形式当为无领无袖，初似为前后两片，腋下与两肩系结，后渐渐演变而成为背心的形式。裲裆最初原为北方少数民族的服装，后改为军服。江西南昌晋吴应夫妇合葬墓[③]所出墨书土木方详细记载了随葬衣物，其中有白练複两当（裲裆）一要，白练袷两当（裲裆）一要等名目。

《搜神记》中有“木中有好妇人，形体如生人，着白练衫，丹绣补两裆”的记载，[④]还有“至元康末，妇人出两裆，加乎交领之上，此内出外也”的记载 。[⑤]

图2-2-2 北朝穿裲裆的门官像（临摹图）

二、魏孝文帝服饰改革

北魏孝文帝的服饰改革是魏晋南北朝时期一项关于民族服饰融合的重要史实。孝文帝拓跋宏自小被文明太后抚养，文明太后姓冯，汉族人，知书达理、精明果断，在其执掌大权时曾参照汉

①刘昫等：《旧唐书》。

②《释名·释衣裳》。

③江西省博物馆：《江西南昌晋墓》，载《考古》1974年第6期。

④《搜神记》卷十六“锺繇”。

⑤《搜神记》卷七“西晋服妖”。

族制度与传统颁布了很多改革措施，因此在文明太后教养下的孝文帝自幼就对汉族文化有着倾慕之情。[①]称帝后，孝文帝开始着手对北魏的改革，这场改革可以说在北魏社会掀起一场自上而下的风暴，对北魏原有的社会结构进行了多方位的调整，这样改革的初衷在于稳固自己的统治、缓和民族矛盾、发展生产力，对其改革的结果学界有不同的声音。[②]

公元490至499年，孝文帝开始进行改革，其主要措施有以下几个方面：一是迁都洛阳。北魏都城平城（今山西大同），地理位置偏北，多山，气候较寒冷，粮食产量也不高，运输成本昂贵，无法解决作为都城日益增加的人口问题。《悲平城》诗云："悲平城，驱马入方中，阴山常晦雪，荒松无罢风。" 流行当时的歌谣中也有这样的句子："纥于山头（今山西大同市东）冻死雀，何不飞去生处乐！"孝文帝则说："国家兴自北土，移居平城，此间用武之地，非可文治……崤函帝宅，河洛王里，因兹大举，光宅中原。"[③] 而洛阳地处北方中心的平原地区，气候宜人，自古以来是兵家必争之所在。除了对地理、气候以及生产环境的考虑，这项改革的目的也是为了便于接受汉族文化、加强对中原地区的统治、消除鲜卑族和汉族的隔阂从而巩固北魏的政权。

二是移风易俗，大力推行汉化政策。其主要内容包括以下五点：第一，禁止穿鲜卑服装，一律改穿汉族服装。第二，禁止用鲜卑语，改说汉话。第三，改鲜卑复姓为汉姓，孝文帝把自己皇族的姓氏拓跋改为元姓，鼓励鲜卑贵族同汉族世族通婚。[④] 第四，建立门阀制度。第五，改鲜卑官制、法律、礼仪、典章为汉制，革除鲜卑旧制。

鲜卑族习俗为辫发左衽，男子着袴褶，女子着小袖衣。孝文帝下诏禁止士民穿鲜卑服饰，并规定鲜卑人和北方其他民族一律改穿汉人服装。孝文帝以身作则带头穿汉族服装，于太和十年开始服衮冕，十八年革其本族的衣冠制度，十九年引见群臣时"班赐冠服"。

孝文帝对于服饰改革的决心也很大，并说出"必欲使满城尽著（汉装）邪"的话来。[⑤]据《魏书》记载："车驾南伐，留澄居守，复兼右仆射。澄表请以国秩一岁租布帛助军资，诏受其半。高祖幸邺，值高车树者反叛，车驾将亲讨之。澄表谏不宜亲行。会江阳王继平之，乃止。高祖还洛，引见公卿。高祖曰：

①鲜卑统治者母系的汉族血统也可似乎可以看作魏孝文帝大力度汉化改革的一个促成因素："北魏孝文帝迁都洛阳之前，有三位皇帝是汉族女子所生，即拓跋焘、拓跋弘、拓跋宏。" ——高凯：《从性比例失调看北魏时期拓跋鲜卑与汉族的民族融合》，载《史学理论研究》2000年第2期。

②一方认为魏孝文帝的改革发展了生产，巩固了政治统治，加快了北方民族大融合的进程，缓解了民族矛盾，使北魏政权摆脱了危机。另一方认为一是孝文帝改革所推行的不加扬弃的全盘汉化不仅没有振兴北魏，反而加速了北魏国家和拓跋民族的衰亡。其改革丢掉了鲜卑族勇武的民族特点与长处，削弱了北魏的军事力量，丧失了鲜卑族的锐气与活力，使北方的革命性被南方的虚腐性所取代，北魏政治危机的开端，也是其最重灭亡的导火索。

③《魏书•任城王传》。

④因本书主题为"服饰的融合"因此对其他四点不做过多分析，但仅是通婚一条，我们就可以看出孝文帝改革的力度——拓跋宏纳纳范阳卢敏、清河崔宗伯、荥阳郑羲、太原王琼、陕西李冲等多位汉族大士族的女儿为妃，并给六个弟弟中的五个都娶了汉族士族家庭女子为王妃。

⑤"魏主谓任城王澄曰：'朕离京以来，旧俗少变不'？对曰：'圣化日深。'帝曰：'朕入城，见车上妇人犹戴帽，著小袄，何谓曰新？'对曰：'著者少，不著者多。'帝曰：'任城此何言也，必欲使满城尽著邪。'澄与留守官皆免冠谢。"——《资治通鉴•齐记》

‘营国之本，礼教为先。朕离京邑以来，礼教为日新以不？’澄对曰：‘臣谓日新。’高祖曰：‘朕昨入城，见车上妇人冠帽而著小襦袄者，若为如此，尚书何为不察？’澄曰：‘著犹少于不著者。’”[①] 由此可见其决心。

孝文帝的这些汉化政策，使得北方少数民族在语言、服饰、风俗上与汉族逐渐趋同，促进了北方少数民族和汉族的民族融合。

小结

袴褶（裤褶）和裲裆应源于北方少数民族，魏晋南北朝时期袴褶（裤褶）和裲裆的流行体现了民族服饰之间的融合，其中袴褶（裤褶）在中原地区穿用时融入了汉族服饰的特点：一、改北方民族的左衽[②]为汉族的右衽；二、将窄袖改为广袖；三、将窄裤口改为大裤口。这里需要特别指出的是，右衽为中原地区汉族服饰惯常的系结方式，加肥的袖口与裤口应是对中原宽博服饰传统的尊重。

说到魏晋南北朝时期的服饰融合，就不能不提北魏孝文帝的服饰汉化。孝文帝的改革是向相对更为文明的汉族学习其宽袍大袖的服装款式与风格，虽促进了民族之间服饰的融合，但其改革的结果却遭很多学者诟病。[③]

构成魏晋南北朝时期民族服饰融合的因素有很多，其中战争是一个重要的因素。此外，民族之间的融合也是一个重要的条件，据一些学者研究认为“大同北魏居民的主体种族成分为古中原类型，故可以推测其族属来源应以汉族为主，但在其体质特征的形成过程中或许也受到过鲜卑人的影响。”[④]

除魏孝文帝服饰改制以及裤褶与裲裆的普及外，我们还可以在一些具体的款式工艺中看到这个时期民族服饰融合的影子，如“彩色绢条”：“‘彩色绢条’的结构特征在汉晋西北地区女服中是较为流行的，早期多见于西域少数民族的袍服，形状短而宽，多缝缀于衣片之上。而由花海毕家滩26号墓所出襦裙来看，至少在魏晋时期，‘彩色绢条’已经融入中原服饰。形状长而窄，制作方式则改缝缀式为嵌入式，逐渐融合中原居民的穿着习惯，改良成为一种新的服装款式。”[⑤]

此外，北方民族的一些服饰面料也在中原流行开来，“太

①《魏书•任城王长子澄传》。

②“翦发文身，错臂左衽，瓯越之民也。”——《战国策•越策》

③参见本书第二章第二节相关内容。

④韩巍：《山西大同北魏时期居民的种系类型分析》，载《边疆考古研究》（第四辑），科学出版社，2006年，第278页。

⑤夏侠：《从楼兰出土文物看魏晋时期的西域服饰》，载《新疆艺术学院学报》2009年第9期。

康中，天下以毡为絈头及络带、袴口。于是百姓咸相戏曰：‘中国其必为胡所破也’夫毡，胡之所产者也，而天下以为絈头、带身、袴口。胡既三制之矣，能无败乎？”[①] 在这里，服饰既是具有实用作用的衣服，也是民族区分的工具。

①《搜神记》卷七毡絈头。

第三章　唐时期民族服饰融合研究

第一节　唐代服饰概况

唐代经济繁荣，国力强盛，文化先进，在国际上有很高的声誉，亚、非地区的许多国家纷纷派使臣、学者前来访问、学习。唐代设置鸿胪寺，专门接待各国的使臣和来宾，还在广州设置市舶使，在不少地方建立商馆，进行对外贸易活动。唐王朝也不断派出使臣访问各国。当时与中国通使的国家有数十个。唐代的中国成了亚、非各国经济、文化交流的中心。

唐代外族文化与汉族文化的相互影响是基于一个较为平等的立场上，这使得唐代对异族文化多有吸纳而又使其成为自身文化的一部分。《唐人大有胡气——异域文化与风气在唐代的传播与影响》一书中总结到来华的外族与外国人在中国主要以这样几种情况居留：一是做官吏；二是做使节与文士；　三是做僧侣；四是做艺人。[①]《初盛唐时期入华粟特人的入仕途径》一文指出仅关于粟特人在唐代的入仕途径就有多种方式，[②]也从此可以看出唐代对外族乃至其他国家民族的包容态度。唐代这种对异族文化与风俗的喜爱是自上而下的，因此也使得这种风尚的传播更为强劲。这些因素都使得“胡化盛极一时”，而“盛极一时”的“胡化”之风中自然少不了民族间服饰的融合。而长安是这种文化交流融合的策源地，[③]也是对服饰风格变化最为敏感的地区。

唐武德七年（624）颁布了《武德衣服令》，建立起较为完备的服饰制度，这其中规定皇帝有冕服、衮服等服饰十数种，皇后有服饰三种，文武百官有服饰十种等等。

一、男子服饰

唐代男子常服为圆领长袍，主要款式特点为圆领、右衽、

①管世光：《唐人大有胡气——异域文化与风气在唐代的传播与影响》，农村读物出版社，1992年，第22-37页。

②即归附入仕、使节入仕、入质入仕、技艺入仕（包括以歌舞技艺入仕、以善于经营商贾入仕、以精于营造入仕、译语入仕）等方式——陈海涛：《初盛唐时期入华粟特人的入仕途径》，载《文献季刊》，2001年第2期。

③向达在《唐代长安与西域文明》中对唐代胡化之风有过这样的描述：“李唐起自西陲，历事周隋，不唯政制多袭前代之旧，一切文物亦复不间华夷，兼收并蓄。第七世纪以降之长安，几乎为一国际的都会，各种人民，各种宗教，无不可于长安得之……开元、天宝之际，天下升平，而玄宗以声色犬马为羁縻诸王之策，重以蕃将大盛，异族入居长安者多，于是长安胡化盛极一时，此种胡化大率为西域风之好尚：服饰、饮食、宫室、乐舞、绘画，竞事纷泊；其极社会各方面，隐约皆有所化，好之者盖不仅帝王及一二贵戚达官已也。”——向达：《唐代长安与西域文明》，河北教育出版社，2001年，第42页。

在领处有缘边，袖子比前朝为窄。首服为幞头，初期幞头是以布裹头上；后以木、藤、革为骨架，在其上包罗帕，形成一定的形状；后期固定成为帽子。“幞头一谓之‘四脚’，乃四带也，二带系脑后垂之，二带反系头上，令曲折附顶，故亦谓之‘折上巾’。唐制，唯人主得用硬脚，晚唐方镇擅命，始僭用硬脚。”[①] 足服为乌皮靴和丝履，乌皮靴为外出时足服，这也是和少数民族进行融合的产物。丝履为居家时穿着。

二、女子服饰

唐代对女性着装有着细致规定，据记载命妇可以服用翟衣、钿钗礼衣、礼衣、公服、花钗礼衣、大袖连裳等六种礼服。这些服装的形制均为上衣下裳，且使用场合有明确限制。如最高级别的翟衣，形制为“青质，绣翟，编次于衣及裳，重为九等。青纱中单，黼领，朱縠褾、襈、裾，蔽膝随裳色，以緅为领缘，加文绣，重雉为章二等。大带随衣色，以青衣、革带、青韈、舄、佩、绶，两博鬓饰以宝钿。一品翟九等，花钗九树；二品翟八等，花钗八树；三品翟七等，花钗七树；四品翟六等，花钗六树；五品翟五等，花钗五树。宝钿视花树之数”，使用场合为“内命妇受册、从蚕、朝会，外命妇嫁及受册、从蚕、大朝会”。又如钿钗礼衣，是在翟衣基础上“加双佩、小绶，去舄，加履。一品九钿，二品八钿，三品七钿，四品六钿，五品五钿”，使用场合为“内命妇常参、外命妇朝参、辞见、礼会”。其他四种款式，也均是在翟衣基础上变化而成。宫人服制的最高级别是六服中的礼衣，为六尚、宝林、御女、采女、女官七品以上的“大事之服”，其形制“通用杂色，制如钿钗礼衣，唯无首饰、佩、绶。”上述人等常供奉时和九品以上大事、常供奉时，均应穿公服。公服形制是礼衣“去中单、蔽膝、大带”。东宫宫人参照执行，女史常供奉时，则只能穿半袖裙襦（《新唐书•舆服志》）。但上述规定只是对有身份妇女正式场合着装的要求，对非正式场合着装的要求，则非常简略，“妇人宴服，准令各依夫色”[②]，为妇女追求个性和时尚，留下了巨大的空间。

唐代女子的服饰从形式上来看，主要分为襦裙服、女着男装以及胡服。除第三种直接穿用胡服外，前两种服饰也与胡服有着密切的联系。

①［宋］沈括著：《梦溪笔谈》，齐鲁书社，2007年，第3页。

②《旧唐书》。

图3-1-1 唐章怀太子墓石刻中穿袒领大袖衫的女子形象（临摹图）

（一）襦裙服

襦裙服为上衣下裳的形制，上身着短襦，下身着裙。襦裙服的款式搭配主要有短襦与长裙、坦领大袖衫[①]与长裙（见图3-1-1）以及大袖纱罗衫和长裙（见图3-1-2）的几种类型。脚下所着为丝履，头上所戴为花髻。

长裙外披大袖纱罗衫的款式是中国历史上女装别具特色的款式：此种装束的裙子上至胸部上侧、下摆曳地，露出上半个胸部、后面半个背部裸露，并露出整个脖颈，外披的纱罗一般为半透明，使整个手臂都若隐若现。

在短襦外可着半臂（见图3-1-3）也可披披帛（见图3-1-4），或既穿半臂又披披帛，半臂又称半袖，是从魏晋以来上襦发展而来的一种无领（或翻领）对襟（或套头）的短外衣。[②]是襦裙装中重要的组成部分，似今天的短袖衫。

初唐女子装束，平民一般多小袖长裙。襦除原有的大襟外，更多采用对襟，衣襟逐渐敞开，下束于裙内，束至乳部以上。至中唐以后趋宽大，腰节线下移。盛唐后展现为华丽奢靡——宽松

①唐代女装的领型各异，有方领、圆领、交领、袒领等，其中袒领是最为大胆的一种款式，使半个胸都露在外面，因此有“粉胸半掩疑暗雪”、“慢束罗裙半露胸”的说法，可与西方18世纪洛可可时期的袒胸女装媲美。

②半臂在唐代也是少数民族的服饰，《新唐书·南蛮传下》：“剑山当吐蕃大路，属石门、柳强三镇，置戍、守捉，以招讨使领五部落：一曰弥羌、二曰铄羌、三曰胡丛，其馀东钦、磨些也。又有夷望、鼓路、西望、安乐、汤谷、佛蛮、亏野、阿醯、阿鹗、鉀蛮、林井、阿异十二鬼主皆隶巂州。又有奉国、苴伽十一部落，春秋受赏于巂州，然挟吐蕃为轻重。每节度使至，诸部献马，酋长衣虎皮，馀皆红帛束发，锦缬袄、半臂。”同传中，还有“舞人服南诏衣、绛裙襦、黑头囊、金佉苴、画皮靴，首饰抹额，冠金宝花鬘，襦上复加画半臂”的记载。

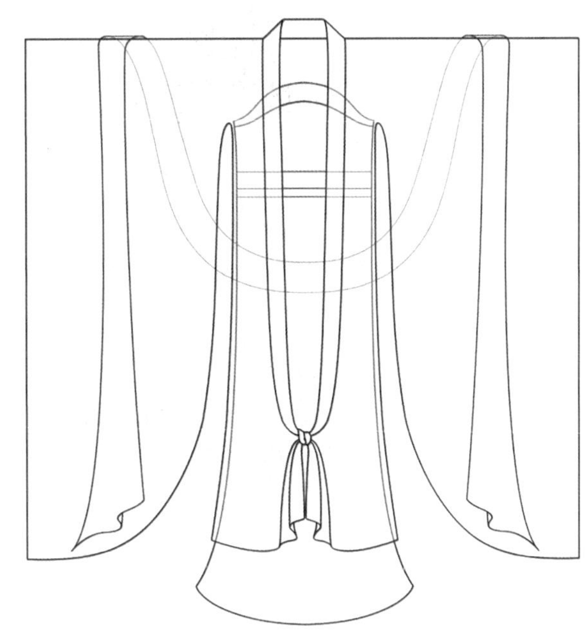

图3—1—2　穿大袖纱罗衫的仕女形象（《簪花仕女图》局部）与大袖衫罗衫结构图

肥大，色彩艳丽，腰节提高，曳地四五寸，用料浪费。[①]自天宝以后，由于唐代经济发达，贵族妇女衣着日趋讲究，华贵和长大。[②]据《新唐书》记载，这种奢靡之风使得文宗时期不得不明文规定衣袖的长度一律不得超过一尺三寸，但还是不能在根本上扭转这股风气。开成四年（839）元宵节观灯之时，在宫中发生了一件关于着装的“事件”：“四年春正月……丁卯夜，于咸泰殿观灯作乐，三宫太后及诸公主等毕会。上性节俭，延安公主衣裾宽大，即时斥归，驸马窦澣待罪。诏曰：‘公主入参，衣服逾制，从夫之义，过有所归。澣宜夺两月俸钱。’”[③]延安公主不知出于什么缘故，穿着宽大华丽的衣裙赴宴，被要推行节俭的文宗看到，不仅当众将公主遣回家，还迁怒驸马，被罚了两个月的赐钱。这次服装事件还被记录在了《旧唐书•文宗本纪》、《册府元龟•帝王部•节俭》、《太平御览•服章部》等史料中。故事到这里还有余波：“李德裕后为淮南节度使，又奏：‘比以妇人长裾大袖，朝廷制度，尚未颁行，微臣之分，合副天心。比闻闾阎之间，袖阔四尺，今令阔一尺五寸；裙曳四尺，今令曳五寸。事关厘革，不敢不奏。’”之所以有此奏，是因为“正月十五

① 唐《舆服志》提及当时全国禁令：“妇女裙不过五幅，曳地不过三寸”。但也存在令行不止的情况。

②袁仄：《中国服装史》，中国纺织出版社，2005年，第67页。

③[后晋]刘昫：《旧唐书•文宗本纪》。

图3-1-3 唐朝绢画中穿半臂的女子形象（新疆阿斯塔那唐墓出土）

图3-1-4 唐永泰公主墓中着披帛的女子形象（临摹图）

日，延安公主以衣服逾制，驸马窦澥得罪。德裕因有是奏。”① 同光二年，“……近年以来，妇女服饰，异常宽博，倍费缣绫。有力之家，不计卑贱，悉衣锦绣，宜令所在纠察……”②《旧唐书·舆服志》里也有记载“风俗奢靡，不依格令，绮罗锦绣，随所好尚。上自宫掖，下至匹庶，递相仿效，贵贱无别。”③其风尚由此可见一斑。

（二）女着男装

女着男装，即女子全身穿着模仿男子服饰。这种风气在唐代自上而下，风行一时。

女着男装最初流行于宫人。贞观、永徽时期，宫人们为了骑马方便，逐渐放弃沿用多年的幂䍦，改戴“拖裙到颈，渐为浅露”的帷帽，中宗时期，已经没有人再戴幂䍦。至开元初，帷帽又成了碍事之物，从驾骑马宫人改戴胡帽，“靓妆露面，无复障蔽”。再不久，索性连胡帽也不再戴，直接“露髻驰骋”，有的还穿上“丈夫衣服靴衫”。连深得上眷、“淡扫蛾眉朝至尊”的虢国夫人，都扮作男装出游。一时“士庶之家、竞相效仿”。

尽管有人认为“妇人为丈夫之象，丈夫为妇人之饰，颠之倒之，莫甚于此”④，但社会对女着男装的态度总体上是宽容的。“高宗尝内宴，太平公主紫衫玉带，皂罗折上巾，具纷砺七事，歌舞于帝前。帝与武后笑曰：‘女子不可为武官，何为此装束？’”⑤ 可见连皇帝、皇后本人对于自己女儿身着男装也并未

①[宋]王若钦：《册府元龟·牧守部·威严革弊》。
②[宋]薛居正：《旧五代史·唐书·庄宗纪五》。
③《旧唐书·舆服志》。
④李华：《与外孙崔氏二孩书》，见《全唐文》卷三一五。
⑤《新唐书·五行志一》。

抱否定看法。在民间，男性对女子着男装也往往青眼有加。晚唐司空图《剑器》[①]诗有“楼下公孙昔擅场，空教女子爱军装”之句。女子雄装起舞，飒爽与妩媚竟然合二为一，给诗人留下了深刻的印象。

女子着男装，初多见于奴婢，较早在宫廷中流行。开元以后，士庶之家妇女纷纷效仿，成为时尚，“或有著丈夫衣服靴衫，而尊卑内外，斯一贯矣。”[②]《中华古今注》记载“至天宝年中，士人之妻，著丈夫靴衫鞭帽，内外一体也。”当时一些守旧人士不满于男女服饰无别，认为颠倒了阴阳。“妇人为丈夫之象，丈夫为妇人之饰，颠之倒之，莫甚于此”[③]。这种风气也与当时胡服的流行有一定的关联。

（三）女着胡服

唐代女子除了喜欢穿男装凸现其英武中散发出的妩媚风度外，还喜欢穿胡服。[④]《新唐书•五行志》云：“天宝初，贵族及士民好为胡服胡帽。”《新唐书•舆服志》云：“开元中，妇婢衣襕衫，而仕女衣胡服。”《旧唐书•舆服志》中记载“开元来……太常乐尚胡曲，贵人御馔尽供胡食，士女皆竞衣胡服；故有范阳羯胡之乱，兆于好尚远矣。”

关于胡服的内容，是下节重点分析的内容，因此这里不再详述。

①剑器，古武舞之曲名，其舞用女妓，雄装空手而舞（《文献通考•舞部》）。

②《旧唐书•舆服志》。

③李华：《与外孙崔氏二孩书》，见《全唐文》卷三一五。

④“初唐至盛唐间，北方游牧民族匈奴、契丹、回鹘等与中原交往甚多，加之丝绸路上自汉至唐的骆驼商队络绎不绝，对唐代臣民影响极大。在这里，我们仍将其称为胡人。随胡人而来的文化，特别是胡服……其饰品也最具异邦色彩。”——华梅：《中国服装史》，中国纺织出版社，2007年，第56页。

第二节　唐朝民族服饰融合分析

胡服“是与中原人宽衣大带相异的北方少数民族服装……这种配套服装的主要特征是短衣、长裤、革靴或裹腿，衣袖偏窄，便于活动。”[①]胡服的组成元素主要是翻领、窄袖、长袍、织锦、束腰、靴子和首服（羃䍦、帷帽、混脱帽）。

据陕西省考古研究所编著的《唐李宪墓发掘报告》中记述的所出土文物中有“胡人俑34件”[②]，这些胡人俑“均做直立式，双臂分张，掌心虚握、持缰牵马状……俑人多裹黑色幞头，内衬巾子，幞头顶部似两并列圆球。面部轮廓各异，以示人种不同。”以下是这些出土的胡人俑的形象与服饰：

其一，“……内着窄袖紧身小衫，上套垫肩交领半臂，外罩团领、窄袖及膝开衩短袍，袍领敞开，前襟下翻似翻领状，右肩臂脱出袍袖，右袍袖掖于右侧黑色腰带上，下穿长裤，足蹬黑色高筒靴。原色彩已大部分脱落，仅幞头、腰带、长靴尚残留黑色。”

其二，“……面向右微仰，裹黑色幞头，方面浓须，深目圆睁，高鼻薄唇，颜面及颈部残存肉红色，身着白衫白半臂，褐色罩袍翻襟处亦施白彩……”

其三，“……裹黑色幞头、面相轮廓分明，高鼻阔嘴，下颌胡须微向前翘，面上残存肉红，内着白色短衫，上套镶白领红色半臂，外罩黑色短袍，翻襟处涂白色下踏橘红色底板。”

其四，“左侧首，面向右微仰，头戴红色尖顶圆帽，帽尖向后耷下，面部特征同上，无须髯。内着白色短衫，上套镶白领黑色半臂，外罩红色短袍。”

其五，“……垂肩发于顶中向两侧分梳，于耳畔及后颈处向

①华梅：《中国服装史》，中国纺织出版社，2007年，第56页。

②《陕西省考古研究所田野考古报告》第29号，科学出版社，2005年，第38页。

上翻卷，从后看似戴一顶毛边圆顶帽，方面无须，深目、高鼻、厚唇，面貌凶悍，似与前述人种有别。服饰上，外罩短袍上残存绿色，脚踏白色底板。”

其六，“……长发于顶上向两侧分梳，于两鬓处结成掩耳发髻，半圆小帽扣于脑后，……短衫半臂皆呈白色，外罩红领边，棕色翻襟短袍，脚下橘红色底板。”

图3—2—1　唐朝穿胡服的仕女形象（韦顼墓石椁线刻临摹图）

这其中所述“窄袖紧身小衫”、“开衩短袍”、“翻领状”、“翻襟袍”、“尖顶圆帽”、“毛边圆顶帽”等的服饰特征以及“轮廓分明”、“深目”、“高鼻”、“厚唇”、“高鼻薄唇”、“面貌凶悍”、“方面浓须”、“深目圆睁”等面部特征似为多个民族的胡人形象。

刘言史在《王中丞宅夜观舞胡腾诗》一诗中有对胡服有如下描写：“石国胡儿人见少，蹲舞尊前急如鸟。织成蕃帽虚顶尖，细氎胡衫双袖小。手中抛下葡萄盏，西顾忽思乡路远。跳身转毂宝带鸣，弄脚缤纷锦靴软。”白居易《柘枝词》的一诗中有“绣帽珠稠缀，香衫袖窄裁”的句子。此外，《观杨瑗柘枝》诗中有“促叠蛮鼍引柘枝，卷檐虚帽带交垂。紫罗衫宛蹲身处，红锦靴柔踏节时。”《乐书•柘枝舞》中有“柘枝舞童衣五色绣罗宽袍，胡帽银带”的句子，这些都是对胡服的描写。

一、胡服元素

有史料记载的胡服元素主要有以下几方面内容：

（一）羃䍦与帷帽

“羃䍦”是胡服女装首服的主要组成部分，原为北方少数民族服饰，北方民族所居之地多风沙，羃䍦原为他们外出遮蔽风沙之用。传入中原之后，唐代女子外出用其遮蔽面部。《中华古今注》载：“羃䍦，类今之方巾，全身障蔽，缯帛为之。”《旧唐书•吐谷浑传》也有关于羃䍦是从西域少数民族地区传入的记载。“武德、贞观之时，宫人骑马者，依齐、隋旧制，多着羃䍦。”“羃䍦”比面衣宽大得多，像一个纱罩，可以把全身障蔽起来，与今天的阿拉伯面纱相似，是宫娥美女外出的常用服饰，而民间的贵妇出行，则戴用“帷帽”。从唐代古墓出土的陶俑和文字记载，帷帽的大概式样是一顶帽子垂下一层薄纱，“拖裙到

图3-2-2 唐彩绘帷帽骑马仕女俑（临摹图）

颈”可挡住迎面而来的风沙烈日，更重要的是防止旁人偷窥，以免有违礼教。到了中唐，尽管朝廷多次明令倡导，但由于唐时妇女地位的提高，社会风气逐渐开放，帷帽的垂帘“渐次浅露”。在房陵大长公主墓前甬道西壁，[1]有一幅持花男装女仕的壁画，画中侍女头戴幞头，着翻领胡服，衣长至膝下，两侧开衩，腰束浅紫色软带，佩香囊，下着条纹图案裤子。“天宝初，贵游士庶好衣胡服为豹皮帽，妇人则簪步摇。衣服之制度，襟袖窄小，识者窃怪之，知其兆矣。”[2]

《旧唐书》中有两则关于羃䍦的趣事。其一，“丘和，河南洛阳人也……入隋，累迁右武卫将军，封平城郡公。汉王谅之反也，以和为蒲州刺史，谅使兵士服妇人服，戴羃䍦，奄至城中，和脱身而免，由是除名。”[3] 其二，“……时王伯当为左武卫将军，亦令为副。密行至桃林，高祖复征之，密大惧，谋将叛。伯当颇止之，密不从，因谓密曰：‘义士之立志也，不以存亡易心。伯当荷公恩礼，期以性命相报。公必不听，今祇可同去，死生以之，然终恐无益也。’乃简骁勇数十人，着妇人衣，戴羃䍦，藏刀裙下，诈为妻妾，自率之入桃林县舍。须臾，变服突出，因据县城，驱掠畜产，直趣南山，险而东，遣人驰告张善相，令以兵应接。”[4] 在这两则故事中，羃䍦都被作为遮掩的工具，穿着者甚至雌雄莫辨，由此可见其阔大。

帷帽就是在一个有檐的帽子边缘垂下半透明的纱罗，使穿戴者在既能遮蔽面容又不妨碍视物。《说文解字段注》载：“帷帽，如今席帽，周围垂网也。”吐鲁番市东南35公里处的二堡、三堡一带发掘的阿斯塔那古墓所出土的唐代骑马女俑所戴首服似为帷帽。[5]

关于羃䍦与帷帽的兴起与湮灭，《旧唐书•舆服志》中有如下记载：“武德、贞观之时，宫人骑马者依齐隋旧制，多着羃䍦，虽发自戎夷，而全身障蔽，不欲途路窥之。王公之家亦用此制。永徽之后，皆用帷帽，拖裙到颈，渐为浅露。寻下敕禁断，初虽暂息，旋又复旧。咸亨二年又下敕曰：‘百官家口，咸预士流，至于衢路之间，岂可全无障蔽？比来多着帷帽，遂弃羃䍦，曾不乘车，别坐檐子，递相仿效，浸成风俗，过为轻率，深失礼容……理须禁断。自今以后，勿使更然。’则天之后，帷帽大行，羃䍦渐息。中宗即位，宫禁宽弛，公私妇人，无复幂篱之制。”《旧唐书•吐谷浑传》：“男子通服长裙缯帽，或戴羃䍦。”[6]《隋书》记载：其

①房陵大长公主（619—673），唐高祖李渊第六女，咸亨四年薨，陪葬高祖献陵。房陵大长公主墓位于陕西省富平县吕村乡双宝村北，1976年挖掘。

②[唐]姚汝能：《安禄山事迹》，中华书局，2006年，第107页。

③《旧唐书》卷五九。

④《旧唐书》卷五十三。

⑤祁小山、王博编著：《丝绸之路•新疆古代文化》，新疆人民出版社，2008年，第113页。

⑥[后晋]刘昫：《旧唐书》。

俗以皮为帽，形圆如钵，或带羃䍦。衣多毛毼皮裘，全剥牛脚皮为靴。[①]《格致镜原》卷十四记载："今世士人往往用皂纱全幅缀于油帽或毡笠之前，以障风尘，为远行之服，盖本于此"[②]。《事物原始》记载："围帽创于隋代，永徽中拖裙及颈。"[③]《中华古今注》记载："席帽本古之围帽也。男女通服之，以韦为之。四周垂丝网之，施以珠翠，丈夫去饰。"[④]

（二）胡帽（混脱帽）

胡帽似指混脱帽，混脱帽为北方游牧民族首服，"最初是游牧之家杀小牛，自脊上开一孔，去其骨肉，而以皮充气，称其为皮馄饨。"[⑤] 这种北方民族的首服在唐中期之后被中原地区人民广泛穿用。"开元初，从驾宫人骑马者，皆著胡帽，靓妆露面，无复障蔽。士庶之家，又相仿效，帏帽之制，绝不行用。"[⑥] 刘肃《大唐新语》："胡着汉帽，汉着胡帽。"[⑦] 被中原所改良的胡帽帽顶为尖锥形，多用厚重的织锦为材料，织锦上有各种花纹，华贵的胡帽还镶嵌珠宝。新疆且末县西南5公里、扎滚鲁克村西出土的扎滚鲁克墓地三期（东汉至晋）出土的尖顶深棕色毡帽（通高32.7厘米）[⑧]，其造型与唐代胡帽（如洛阳关林出土唐代彩绘尖帽男胡俑[⑨]）相似，从中可以看出此帽非中原的样式，应为西域地区的古老款式。这种帽子的流行据传还与长孙无忌有关："赵公长孙无忌以乌羊毛为浑脱毡帽，天下慕之，其帽为'赵公浑脱'。后坐事长流岭南，'浑脱'之言，于是效焉。"[⑩] 前文提到的唐诗中"织成蕃帽虚顶尖"似说的就是这种帽子，戴胡帽的唐代女子形象可见于唐墓石刻壁画中。

（三）翻领左衽服

胡服的一大特点为翻领，这原是中原地区所没有的。除个别民族外，胡服一般为左衽（即右衣襟压住左衣襟），翻领，衣长在膝盖以下，两侧开衩，窄袖（与北方游牧民族生产生活方式相关）。吐鲁番市东南35公里处的二堡三堡一带发掘的阿斯塔那古墓所出土的唐代彩绘马夫木俑[⑪]、偃师前杜楼出土初唐彩绘男胡俑[⑫]、洛阳老城邙山徐村出土白釉牵马俑[⑬]、龙门东山安菩墓出土的三彩高胡帽男牵马俑[⑭]和三彩胡人牵马俑[⑮]所穿服装即为翻领袍。此外，被德国探险队割取的新疆克孜尔第8窟壁画16个供养人中的4个（约7世纪）[⑯]及克孜尔尕哈第14窟的国王供养像（约7世纪）所穿皆为翻领左衽袍，从中可以看出翻领袍为具有西域服饰特点的服装款式。

图3—2—3　新疆阿斯塔那唐墓出土纸画

①［唐］魏徵：《隋书》。

②《格致镜原》卷十四。

③《事物原始》。

④《中华古今注》卷中。

⑤华梅：《中国服装史》，中国纺织出版社，2007年，第56页。

⑥［后晋］刘昫：《旧唐书》，中华书局，1975年，第1957页。

⑦刘肃：《大唐新语》，中华书局，1984年，第138页。

⑧祁小山、王博编著：《丝绸之路·新疆古代文化》，新疆人民出版社，2008年，第46页。

⑨李永强主编：《洛阳出土丝绸之路文物》，河南美术出版社，2011年，第60页。

⑩《朝野佥载》卷一。

⑪ 祁小山、王博编著：《丝绸之路·新疆古代文化》，新疆人民出版社，2008年，第113页。

⑫ 李永强主编：《洛阳出土丝绸之路文物》，河南美术出版社，2011年，第8页。

⑬ 李永强主编：《洛阳出土丝绸之路文物》，河南美术出版社，2011年，第12页。

⑭ 李永强主编：《洛阳出土丝绸之路文物》，河南美术出版社，2011年，第24页。

⑮ 李永强主编：《洛阳出土丝绸之路文物》，河南美术出版社，2011年，第25页。

⑯ 祁小山、王博编著：《丝绸之路·新疆古代文化》，新疆人民出版社，2008年，第291页。

（四）皮靴

吕思勉认为“其原出胡狄，而为中国人所习用者莫如靴。”[①] 胡服的足服主要为靴，靴原为北方游牧民族的足服，这与其游牧民族的生活方式密切相关。新疆若羌县孔雀河南部支流小河东侧出土的小河墓地（墓地年代在公元前2000年至前1450年）的小河女尸身穿毛织腰衣、裹毛织斗篷，头戴毡帽，而其足下所穿即为皮靴，可见皮靴为古代西域地区特有的足服。穿靴便于骑马打猎并且其保暖性佳，中原农耕地区的居民所穿的足服有履、屐等，不过在唐代，着靴成为中原地区的一种流行，在唐诗中就有“青黛画眉红锦靴”、“靴暖蹋乌毡”、“画鼓绣靴随节翻”、“舞靴应任闲人看”、“移步锦靴空绰约”和“便脱蛮靴出绛帷”等句子，尤其是在跳柘枝舞等舞蹈时，靴子更是必不可少的服饰品。

二、唐代民族服饰融合的具体体现

在唐代特殊的时代背景下，[②]民族服饰的融合就成为顺理成章的事情了。胡服对唐朝汉族服装的影响究竟有多大，我们可以从唐朝诗人元稹的诗中窥见：“自从胡骑起烟尘，毛毳腥膻满咸洛。女为胡妇学胡妆，伎进胡音务胡乐……胡音胡骑与胡妆，五十年来竞纷泊。”其具体表现涉及六个方面：

其一，首先从男装方面分析，与前朝相比，唐代的很多服饰都较为适体，唐代最具代表性的男子服饰——圆领袍就是非常典型的与少数民族融合的产物，其造型修长、端庄、秀丽，这种领子的样式（圆领）也是中原地区所少有的（中原以交领大襟为主）。袖子有宽窄二式，以窄袖为多。圆领袍在服装结构上有开衩的构成，下摆离地面也较高，此种服饰腰间需要束带，足着靴，均为胡服的典型元素。王国维认为“自六朝至唐，武官小吏流外多服褶”，而“袴褶即戎衣。”这说明唐代军装亦出自胡服。[③]

其二，再来看女装，前面已经提到唐代女子服饰主要分为三种，其一就是襦裙服，初唐女子服装与之前的汉朝、魏晋南北朝和之后的盛唐女子服饰相比，其襦裙服的一大特征就是上衣袖子较为紧窄，似是受北方少数民族较为合体的服饰的影响。窄袖

①吕思勉：《隋唐五代史》，上海古籍出版社，1984年，第979页。

②关于此“特殊的背景”，在小结中会进行具体的分析。——作者

③王国维：《观堂辑林•胡服考》，中华书局，1956 年。

的款式比较适合北方少数民族游牧生活方式，女子襦裙服的窄袖特征从唐代之前的五代壁画（王处直墓壁画）中也可以看到起端倪。

在唐李凤墓甬道东壁，[①]有一幅高123厘米、宽57厘米的壁画，画中仕女手捧包袱，头戴黑色幞头，身穿红色翻领袍衫，下着条纹图案裤子，足蹬软底线鞋。整体装扮为男子服饰。在唐章怀太子墓前室西壁南《观鸟扑蝉图》中，中立仕女着男装——圆领袍衫。

其三，直接对“胡服”的“拿来”。在唐代较为宽松的氛围下，胡风成为长安城里的一种时尚。《教坊记》中有教坊里的女伶受突厥影响而流行与坊内姐妹约为香火兄弟习气：“有儿郎聘之者，辄被以妇人称呼：即所聘者，兄见呼为新妇，弟见呼为嫂也。”“儿郎既聘一女，其香火兄弟多相奔，云学突厥法，又云我兄弟相怜爱，欲得尝其妇也。主者知亦不妒，他即香火不通。”[②] 唐代陈鸿《东城老父传》云：“今北胡与京师杂处，娶妻生子，长安中少年有胡心矣。吾子视首饰靴服之制。不与向同。”[③] 因此，胡服的流行就成为一种必然，或者可以这样说：每个时代都有每个时代的“时装”[④]，而胡服就成为唐代的“时装”。在胡服衰落后，在妇女中还流行过回鹘装。花蕊夫人的

图3-2-4 《观鸟扑蝉图》中穿圆领袍的女子（临摹图）

①李凤（623—674），唐高祖李渊第十五子，高宗上元元年薨，陪葬高祖献陵。李凤墓位于陕西省富平县吕村，1973年挖掘。

②管世光：《唐人大有胡气——异域文化与风气在唐代的传播与影响》，农村读物出版社，1992 年，第43页。

③[宋]李昉：《太平广记》卷四八五，中华书局，1961年，第3992页。

④“时装即具有时间特征的服装。如果将其作为一种社会事物放在社会学研究领域中去认识的话，时装是指在一定时期（时间），一定区域（空间）出现，为某一阶层所接受并崇尚的衣服。”——华梅、周梦：《服装概论》，中国纺织出版社，2009年，第5页。

《宫词》中有着“明朝腊日官家出，随驾先须点内人。回鹘衣装回鹘马，就中偏称小腰身”的句子，反映了这种服装在流行的情况。

如前所述，将全套的胡服直接拿来穿着在唐代非常流行，并成为一种风尚，除了全套的“拿来”，对胡服的组成元素如羃䍦，与各种胡帽、翻领左衽服、皮靴等与汉族服饰的搭配穿着现象也时有发生。

其四，需要特别指出的是，唐代民族服饰的融合不仅仅限于其时中国境内各民族的相互影响，这种交流还牵涉到中亚、西亚以及更远的地方。“总之，7-8世纪河西吐蕃人与丝绸之路贸易究竟有何关系，虽然还有待进一步研究，但无论如何，都兰吐蕃墓出土的大量来自东方和西方的织锦实物，已足以表明，此时的吐蕃确已成为交流东西物资的中心和融合东西方的中心。”①而这些交流势必反映在服饰上。一些学者在研究阎立本所绘《步辇图》中吐蕃使者禄东赞所穿红地联珠含绶鸟锦袍时，认为此袍似为通过吐蕃输入的粟特锦或波斯锦。② 向达结合出土的唐代女俑及绘画（襟袖窄小）及“细氎胡衫双袖小”③、“拾襟搅袖为君舞”④、“红罨画衫缠腕出”⑤ 等唐诗认为“则唐代所盛行之胡服，必有不少之伊兰成分也。”⑥ 1999年7月，在山西太原晋源区王郭村发现了隋代虞宏墓，墓主人虞宏，字莫潘，鱼国人（为史书失载的古国），曾在北齐、北周和隋为官，死于公元592年。在其墓石堂图像中发现有三个民族的人物形象，分别为粟特人、波斯人与突厥人（总数达85人）。⑦《外来文化对古代西域服饰的影响》一文在对两汉、晋唐、宋元时期一些出土实物以及史籍的记载进行分析后，得出以下的结论：“古代西域民族服饰是融民族服饰文化为一炉的复合体，在多种文化同时向西域汇集的过程中，汉地服饰文化对西域的影响尤甚。所以准确地说，古代西域服饰并没有形成自己统一的独具特色的有机体，而应当是包括了汉人服饰，北族服饰，中亚诸地服饰在内的多元联合体。”⑧

唐代在服饰上与外来文化的融合还体现在联珠纹样上。首创于波斯的联珠纹传入中国的时间可能很早。在公元5世纪前后出土的文物中已较常见联珠纹的影子，6世纪中期以后，胡风的盛行以及中外交流的加强，联珠纹越来越多地出现在服饰上，但此时的联珠纹图案已和本地文化有了很深的融合：“以联珠圈环绕

①许新国：《都兰吐蕃墓出土含绶鸟织锦研究》，载《中国藏学》1996年第1期。

②许新国：《都兰吐蕃墓出土含绶鸟织锦研究》，载《中国藏学》1996年第1期。

③刘言史：《观舞胡腾》。

④李端：《胡腾儿》。

⑤张佑：《杭州观舞柘枝诗》。

⑥向达：《唐代长安与西域文明》，河北教育出版社，2001年，第48页。

⑦张庆捷：《胡商 胡腾舞与入华中亚人——解读虞宏墓》，北岳文艺出版社，2010年，第128页。

⑧尚斌：《外来文化对古代西域服饰的影响》，载《喀什师范学院学报》1996年第1期。

的主题图案而言，中国6世纪后期织物上常见的狮、象、孔雀、翼马、骆驼、高鼻深目的胡人等，他们或不见于传统装饰，或在中国没有形成连续的传统，但至少其中的一些却已在中亚、波斯艺术中出现。然而，细究之下，这些有异域亲缘的题材在表现上与西方略有不同。如狮子多为卧伏，不同于中、西亚艺术中作搏斗、捕食、站立状。象每加鞍猪、伞盖，时有持象钩的象奴牵引骆驼多承载货物，由胡人牵行，并标出‘胡王’字样。联珠圈外的辅饰中亦有动物，甚至包括萨珊式联珠纹上只出现在珠圈内寓意神灵的翼马。”① 而这种经过文化融合的纹样，其实也是唐代包容心态的体现：“中国人选取心目中与西方有密切联系的题材与联珠纹结合，使联珠纹在很大程度上丧失原有的图案寓意，成为粟特文化的标签，反映的是对异域事物的喜爱，而至少如狮、象、骆驼等图案有体现‘万邦来朝’的大国心态。”②

其五，我们再来看看唐代女子的妆容与首饰。唐代女子精于妆饰，以米研碎后加香粉增白，并将西域传来的胭脂涂面，③还在太阳穴的位置画斜红，有的如弯月，有的似伤痕。此外在前额还装饰有各种材质做成的花钿，即以螺钿壳、金箔、云母等做成各种花型贴在两眉之间的上方位置。唐代画眉之风盛行，有横烟眉、远山眉、鸳鸯眉、小山眉、云峰眉、垂珠眉等。唐代的面妆种类繁多，还有一些在我们今人眼中看来非常另类，如白居易《时世妆》：“时世妆，时世妆，出自城中传四方。时世流行无远近，腮不施朱面无粉。乌膏注唇唇似泥，双眉画作八字低，妍媸黑白失本态，妆成近似含悲啼。圆鬟无鬓堆髻样，斜红不晕赭面妆……”《新唐书•五行志》也有相似的记载：“元和末，妇人为圆鬟椎髻，不设鬓饰，不施朱粉，惟以乌膏注唇，状似悲啼者。圆鬟者，上不自树也；悲啼者，忧恤象也。”又如白居易的诗《代书诗一百韵寄微之》中有“风流夸堕髻，时世斗啼眉”的句子（自注：“贞元末，城中复为堕马髻、啼眉妆。”）这种奇怪的“时世妆”虽出自城中，但不同于中原地区的审美取向。

唐代妇女所佩戴的一些首饰似也与北方民族有关，如步摇。“步摇”这一名称早在先秦时期的文献中就有记载，但其真正的流行应在魏晋南北朝时期，当时鲜卑族等北方少数民族非常喜欢以“步摇”装饰自己。中国国家博物馆藏“北朝牛头鹿角金步摇”于1981年出土于内蒙古自治区乌盟达茂旗，此步摇金质，以牛头鹿角为造型，镶嵌白、蓝、绿等色料石，缀有14片金叶子

①陈彦姝：《六世纪中后期的中国联珠纹织物》，载《故宫博物院院刊》2007年第1期。

②陈彦姝：《六世纪中后期的中国联珠纹织物》，载《故宫博物院院刊》2007年第1期。

③胭脂相传本名“焉支”，本产自西域，因产于焉支山下而得名，其色由一种名为“红蓝”的花朵中提取。因此这种以红艳的植物擦脸的习俗也是来自西域。

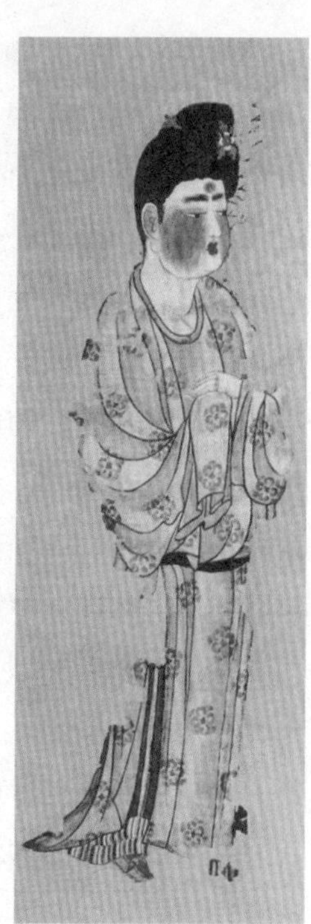

图3-2-5 新疆阿斯塔那唐墓出土绢画中的唐朝妆容形象

（见图3-2-9）。魏晋南北朝时期步摇的流行直接影响到唐代，白居易《长恨歌》中有“云鬓花颜金步摇，芙蓉帐暖度春宵”的句子。[1] 唐代的步摇在前朝的基础上更加纤巧，多缀珠玉流苏，使佩戴者更具婉约之姿。

其六，最后来看看唐代女子以丰腴为美背后的深层原因。体态的苗条与丰腴虽看似与服饰无关但却为服饰形态的基础，因此这里用一点文字说一说唐代女性的以丰腴为美的审美取向。

图3-2-6 造型丰腴的唐拱手女立俑（临摹图，西安市东郊王家坟出土）

为什么唐代会有“环肥燕瘦”的审美标准？一些学者认为唐代以“胖”或说以“丰腴”为美也是与其少数民族的血统有关：“我见犹怜”型的瘦弱美女其体质是很难适应北方游牧民族所生活的自然环境，因此健壮丰腴成为其审美的标准，也因此将这一趋向带到中原。唐张萱的《捣练图》和周昉的《簪花仕女图》是唐代妇女的典型着装款式，无论大袖小袖，都是体态丰腴，服饰华丽舒张的美人形象。结合中国历朝历代对妇女的审美趋向，这种推理也有它一定的根据与道理，至少我们可以这样说：唐代以“丰腴”为美的审美取向是民族服饰融合的一个例证。

小结

少数民族服饰之所以在唐代对汉族服饰产生深刻的影响，是

①白居易：《长恨歌》。

图3—2—7　北朝牛头鹿角金步摇

有着它主观、客观两方面原因。首先从客观条件上来看，唐代政治昌明、军事强大、经济发达、文化繁荣，这使得它具有博大而包容的心态，[①] 因而也产生了灿烂的文明。其次，从主观层面上来看，我们研究唐代民族服饰融合，唐代皇室的血统问题则是一个不可不说的问题，唐代皇族的母系长孙氏是鲜卑族[②]的后裔，唐代统治者李氏皇族本身并不是纯粹的汉人，这也使得他们对其它少数民族具有接纳和包容的态度。[③]这是人们对唐代皇室的生活习俗（其中服饰是重要的一个方面）、婚姻习俗、同少数民族的关系等方面考察后的结果。“李唐先世本为汉族，或为赵郡李氏徙居柏仁之‘破落户’，或为邻邑广阿庶姓李氏之‘假冒牌’，既非华盛之宗门，故渐染胡俗，名不雅驯……李唐一族之所以崛兴，盖取塞外野蛮精悍之血，注入中原文化颓废之躯，旧染既除，新机重启，扩大恢张，遂能别创空前之世局。故欲通解李唐一代三百年之全史，其氏族问题实为最要之关键。”[④]陈寅恪在《唐代政治史述论稿》中引用《朱子语类》（一一六·历代类）中朱熹的句子：“唐源流出于夷狄，故闺门失礼之事不以为异。”在此我们暂且不论这句话那种居高临下的主位思想，其道出的唐代皇室出于少数民族的论断非常惹人注意。随后他又说，“朱子之语

①“因为唐朝经济发展，整个社会出现了一种蓬勃向上的气象，人们自然会为国家的强盛感到骄傲与自豪，对自己国家的发展充满了信心，在这样一种社会心理的作用下，唐朝人民对异域传来的文化艺术和风俗习惯，更多的是好奇心而不是惧怕感，这一点鲁迅先生说得很好：‘汉唐虽然也有边患，但魄力究竟雄大，人民具有不至于为异族奴隶的自信心，或者竟毫未想到，绝不介绍。’他还道：‘那时我们的祖先对于自己的文化抱有极坚强的把握，决不轻易动摇他们的自信心，同时对于别系文化抱有极恢廓的胸襟与极精严的抉择，决不轻易地崇拜或轻易地唾弃。’正是在这种认识的基础上，我们才能正确地理解‘唐人大有胡气’的原因和意义。”——管世光：《唐人大有胡气——异域文化与风气在唐代的传播与影响》，农村读物出版社，1992 年，第38页。

②据我国学者研究，鲜卑族应为中国古代属东胡族系的民族之一，因居大鲜卑山，所以以鲜卑为号。而所谓东胡族系主要包括山戎、东胡、鲜卑、乌桓、奚、契丹、乌落浑、室韦、蒙古等民族。但也有其他学者有不同看法，就不一一介绍了。

③唐代皇族对少数民族文化的包容乃至热爱，可从如下一个事例看出：《新唐书•承乾传》记载太子承乾“又使户奴数十百人习音声学胡人，椎髻剪彩为舞衣，寻橦跳剑，鼓鞞声通昼夜不绝……又好突厥言及所服。选貌类胡者被以羊裘辫发。五人建一落，张毡舍，造五狼头纛，分戟为阵，系幡旗设穹庐，自居，使诸部敛羊以烹，抽佩刀割肉相啖。承乾身作可汗死，使众号哭，剺面奔马环临之。忽复起曰：‘使我有天下，将数万骑到金城，然后解发，委身思摩当一设，顾不快邪！’”陈寅恪对此评述说：“唯贞观五年突厥平，从温彦博议，移其族类数千家入居长安，承乾之好突厥言、突厥服，大约系有见于流寓长安之此辈，因而心生欣羡，为所化耳。”——陈寅恪：《唐代长安与西域文明》。

④陈寅恪：《李唐氏族之推测后记》（金明馆丛稿二编），生活•读书•新知三联书店，2001年。

颇为简略，其意未能详知。然即此简略之语句亦含有种族及文化二问题，而此二问题实李唐一代史事关键之所在，治唐史者不可忽视者也。”①

唐代统治者具有少数民族血统，可从其语言、生活习惯、婚嫁习俗以及用人等多个方面窥其端倪。唐太宗说：“自古皆贵中华，贱夷狄，朕独爱之如一，故其种落毕依朕如父母。”如李世民杀李元吉后纳其妃杨氏为妃（《新唐书·太宗诸子传》），唐太宗死后，其子唐高宗立太宗才人武媚娘（即日后的武则天）为昭仪，后为妃，乃至后位（《新唐书》之《后妃传》），这与少数民族吐谷浑的“父卒，妻其群母；兄亡，妻其群嫂”以及突厥的“父兄死，子弟妻其群母及嫂”的习俗相类。又如唐代公主夫死再嫁者众，仅《新唐书》记载就有数十人。“民族之间的广泛通婚，无疑是民族融合的重要标志之一，而同时，它又必将进一步推动民族融合的步伐。”②

此外，唐代公主与宗室女嫁与外族人的例子不胜枚举，③汉人与中亚、西亚人通婚在唐代也很普遍。④高宗时修订的《唐律疏议》有如下规定：“如是蕃人入朝听住之者，得娶妻妾，若将还蕃内，以违赦科之。”⑤由此可知，唐代对入华定居“蕃人”允许其与汉族妇女通婚，只是不准携汉族妻妾回国，此规定也促使来华的中亚胡人长期定居，并在很大程度上加速他们的汉化程度。再如唐代任命外族以至外国人为军事将领，晚唐“安史之乱”中的安禄山身为异族（父为胡人，母为突厥人）而被玄宗重用。因此可以理解唐太宗所说的“夷狄亦人耳，其情与中夏不殊，人主患德泽不如，不必猜忌异类。若德泽洽，则四夷可使如一家。”⑥前面提到的各种形式的和亲，使得服饰的互通也成为必然——且看史籍所载公元822年太和公主出嫁回鹘，与可汗婚礼的记载：“……可汗升楼坐，东向。下设毳幔以居公主。请（公主）袭胡衣，以一姆侍出，西向拜已，退即次。被可敦（可汗妻的称号）服，绛通裾大襦，冠金冠，复出拜已。”⑦

回到服装上，女装从初唐的合体到盛唐的逐渐宽松以及晚唐的长大，可以看作是从北方游牧民族便于活动的适体紧身的服装风格向中原地区宽衣博带的服装风格的转变。当然女装的流行并不是一成不变的，在特定的时间点上，阔大与紧窄并行。白居易的《上阳白发人》就有对这种服装的描写：“小头鞋履窄衣裳，青黛点眉眉细长。”

①陈寅恪：《唐代政治史述论稿》，商务印书馆，1943年，第1页。

②刘惠琴、陈海涛：《从通婚的变化看唐代入华粟特人的汉化——以墓志材料为中心》，载《华夏考古》2003年第4期，第60页。

③“（东突厥）摸末与社尔兄弟以及摸末子施皆娶李唐宗室女，其中杜尔更是妻唐高祖第十四女，这是目前已知处罗与颉利两家族中，唯一娶唐代公主者。摸末与社尔娶汉女，对于家族的汉化，应该有一定的影响。”——朱振宏：《东突厥处罗可汗与颉利可汗家族入唐后的处境极其汉化》，载《唐史论丛》，第198页。

④唐张鷟所著《朝野佥载》中有一个有趣的故事：“广平宋察娶同郡游昌女。察先代胡人也，归汉三世矣。忽生一子，深目而高鼻，疑其非嗣，将不举。须臾赤草马生一白驹，察悟曰：‘我家先有白马，种绝已二十五年，今又复生。吾曾祖貌胡，今此子复其先也。’遂养之。故曰‘白马活胡儿’，此其谓也。”此所述虽可能有夸张戏说的成分，但也可管窥当时胡汉通婚之一斑。

⑤［唐］长孙无忌撰，刘俊文点校：《唐律疏议》，中华书局，1983年，第178页。

⑥司马光：《资治通鉴》卷一九七，中华书局，1956 年。

⑦《新唐书·回鹘传》。

女着男装是唐代最具特色的服装现象之一，我们现在说起唐代“女着男装”的现象，大多从唐代妇女地位比之前历代为高的角度来看待这个问题，不过笔者认为，如果从北方少数民族着装风俗内渐的角度来考量则更具有说服力。按照儒家礼教传统，“男女不通衣裳”，这不仅是物质层面上男女装束的区别，更是道德层面上与“外内不共井，不共湢浴，不通寝席，不通乞假”（《礼记•内则》）。同样重要的男女大防所在。北方少数民族本处在游牧社会，不像中原居民受到礼教的种种束缚，男女社会家庭分工远不如农业社会细致具体，且生活资料普遍贫乏，“自君王以下，咸食畜肉，衣其皮革，被旃裘”（《史记•匈奴列传》），并不具备讲求着装差别的物质基础。鲜卑族服饰的一大特点就是男女服装没有非常严格的界限，一般服装男女同服。一些学者认为，鲜卑族男女同服的服饰特点其形成原因有两个：一是鲜卑族社会中母系氏族遗风尚存，没有男尊女卑的意识，妇女社会地位较高，“在鲜卑族的习俗中，女子向来享有较高的社会地位，而这样的胡系女性成为皇室正统，其胡化的倾向是不可避免的。”[①] 据《后汉书•乌桓鲜卑列传》载鲜卑习俗“贵少而贱老。其性悍骜，怒则杀父兄，而终不害其母，以母有族类也，父兄无相仇故也。”又说“计谋从妇人，唯战之事乃自决之。父子男女相对踞蹲。”二是鲜卑的生产、生活方式决定了他们男女所从事相同劳动的特点。《后汉书•乌桓鲜卑列传》记载其生产、生活方式：“俗尚骑射，弋射禽兽为事。随水草放牧，居无常处。以穹庐为舍，东开向日，食肉饮酪。以毛毳为衣。”这种生产、生活方式决定了其妇女必须跟男子一样骑马、射猎、放牧，为了便于劳作而男女同服。也许这些可以作为唐代女子着男装现象产生的深层原因。

如前所述，唐代皇族不是纯正的汉族血统，因此对异族文化具有较大的包容性。同时，唐人大有胡气，而被后世斥为“吃人的礼教”的儒家意识形态，也尚未进化到“存天理、灭人欲”的阶段，开放自由的风气，为妇女穿着男装提供了宽松的社会氛围。因此在唐代的某些时期，妇女穿其丈夫、兄弟的服装是很普遍的事情。

此外，从妆容方面来看，与前文所述唐代“时世妆”类似，《萍洲可谈》有对契丹妇女妆容的如下描述：“毡车中有妇人，面涂深黄，红眉黑吻，谓之佛妆”[②]，此种所描述的契丹妇女面

①张在波：《唐文化的胡化倾向与鞍马绘画的兴盛》，载《南京艺术学院学报》美术与设计版，2008年第2期。

②朱彧：《萍洲可谈(卷2)》，中华书局，2007年，第142页。

部涂成深黄色，用红色描眉，用黑色涂唇。而《蒙鞑备录》中也有如下记载："妇女往往以黄粉涂额。"① 这些北方民族妇女的化妆方式都和白居易诗中所描述的"乌膏注唇"（黑色嘴唇）、"面无粉"（皮肤本来的黄色）相类，是否可以成为唐代妇女妆容受当时北方少数民族影响的又一个例证？

①[宋]赵珙：《蒙鞑备录》，中华书局，1985年，第7页。

第四章 辽金元时期民族服饰融合研究

第一节　辽代民族服饰融合研究

916-1125年，在中国北方建立了一个契丹人的王朝——辽。辽建立之后随着农业、手工业以及纺织业的发展，其服饰也脱离了之前御寒遮体的基本功能。辽太宗受汉族文化的影响，创衣冠之制。

一、北班国制，南班汉制

《辽史》卷五六《仪卫志》：“太祖帝北方，太宗制中国，紫银之鼠，罗绮之篚，麇载而至。纤丽耎毳，被土绸木。于是定衣冠之制，北班国制，南班汉制，各从其便焉。”[①]由此可知辽代服制分为两种，仍用契丹本族服饰为国服，汉服承袭晚唐五代遗制。

（一）国服

据《辽史》记载国服包括有有祭服、朝服、公服、常服、田猎服、吊服等。

1.祭服

祭服是皇帝、臣僚、命妇等在祭典时所着服饰。在这些祭祀中，“以祭山为大礼，服饰尤盛”。根据祭祀规模的不同，其服饰也有所区别。

大祀，皇帝着金文金冠，白绫袍，红带，悬鱼，饰犀玉刀错，络缝乌靴。

小祀，皇帝戴硬帽，红克丝龟文袍。皇后戴红帕，服络缝红袍，悬玉佩，双同心帕，络缝乌靴。

臣僚、妇女服饰，各从本部旗帜之色。

①《辽史》卷五六《仪卫志》。

2. 朝服

皇帝戴实里薛衮冠，络缝红袍，垂饰犀玉带错，络缝靴，谓之国服衮冕。太宗更以锦袍、金带。

臣僚戴毡冠，金花为饰，或加珠玉翠毛，额后垂金花，织成夹带，中贮发一总。头戴无檐中纱冠，制如乌纱帽。

额前缀金花，上结紫带。服紫窄袍，以黄红色条裹革用之，用金玉、水晶、靛石缀饰，谓之“盘紫”。

图4-1-1 辽代高翅鎏金银冠（临摹图）

3. 公服

谓之“展裹”，著紫。皇帝头戴紫皂幅巾，身着紫色窄袍或红袄。臣僚也着幅巾、紫衣。

4. 常服

绿花窄袍，中单多红绿色。贵者披貂裘，以紫黑色为贵，青次之。又有银鼠，尤洁白。贱者貂毛、羊、鼠、沙狐裘。

5. 田猎服

皇帝幅巾束发，“擐甲戎装”，以貂鼠或鹅项、鸭头为毂腰。番汉官员服戎装，衣皆左衽，黑绿色。

6. 吊服

吊丧时皇帝着素服，白色。臣僚穿皂袍。

（二）汉服

汉服为中原汉族的服制。大同元年正月，辽太宗耶律德光改契丹国号为大辽，“唐、晋文物，辽则用之”[①]。从此辽受到中原舆服制度的影响。“南班汉制”汉族官员汉服，皇帝等也偶穿汉服。

汉服分祭服、朝服、公服、常服等。

1. 祭服

辽代皇帝不再服用大裘冕。衮冕，由冕冠、玄衣、纁裳等组成。皇帝冕冠金饰，有十二旒，垂白珠十二旒。日、月、星、龙、华虫、火、山、宗彝八章在衣，藻、粉米、黼、黻四章在裳。佩饰为革带、大带、剑佩绶。

2. 朝服

皇帝的朝服头戴通天冠，冠加金博山，附蝉十二，首施珠翠。身着绛纱袍和白裙襦，佩绛色蔽膝，方心曲领。其革带佩剑绶。

皇太子戴远游冠，着绛纱袍。亲王戴远游冠，着绛纱单衣。诸王戴远游冠，三梁，黑介帻，青袍。三品以上戴进贤冠，三

① 《辽史•仪卫志二》，第907页。

梁，宝饰。五品以上戴进贤冠，二梁，金饰。九品以上戴进贤冠，一梁，无饰。七品以上去剑佩绶。八品以下同公服。

3. 公服

皇帝公服为翼善冠、柘黄袍、九环带、白练裙襦、六合靴等。皇太子公服为绛纱单衣，白裙襦乌皮履。

4. 常服

谓之“穿执”。皇帝常服为折上头巾、柘黄袍衫、六合靴等。皇太子常服，为进德冠、绛纱单衣，白裙襦，乌皮履。五品以上，幞头，折上巾，紫袍，金玉带。文官佩手巾、算袋、刀子、砺石、金鱼袋、乌皮靴。六品以下，幞头，绯衣，银带，银鱼袋佩，靴同。八品九品，幞头，绿袍，靴同。

二、辽代服饰、发式与妆容融合

值得一提的是，据史料记载，“重熙五年尊号册礼，皇帝服龙衮，北南臣僚并朝服，盖辽制。会同中，太后、北面臣僚国服；皇帝、南面臣僚汉服。乾亨以后，在礼虽北面三品以上亦用汉服；重熙以后，大礼并汉服矣。常朝仍遵会同之制。”[①]从此可见，辽代“国志”和“汉制”的两种服饰并不是各自独立的并行，而是在相互之间也有交集。

契丹男子一般都髡发，是将头顶或头上其他部分的头发剃光，只在两鬓或前额留少量余发作为装饰，以适应风沙等恶劣的

①[宋]庄绰：《鸡肋编》，中华书局，1983年，第15页。

图4-1-2　库伦辽代墓墓道北壁壁画髡发、穿圆领窄袖袍的契丹男子（临摹图）

气候条件。契丹男子髡发的样式很多，如在两额两侧留两绺头发，其余的都剃光；留其前额一横条状头发和两额两侧的两绺头发；剪去颅顶部位的头发保留其余部分；留两额和后脑处三绺头发，其余的都剃去。不仅男子如此，契丹女子也从小剔去头发，至结婚之前才留发。“良家士族女子皆髡首，许嫁，方留发”[①]。髡发这种习俗在女真、蒙古族男子中也很普遍，如《大金国志》卷三九记载女真男子“留颅后发，系以色丝。”《蒙鞑备录》中记载蒙古“上自成吉思汗，下及国人，皆剃婆焦，如中国小儿留三搭头在囟门者，稍长则剪之。”

契丹女子喜在脸上涂抹栝蒌，但涂上后呈黄色，与金色的佛像较为相似，因此被称为“佛妆”。有史料记载这种妆容的由来：“冬月以括（栝）蒌涂面，谓之佛妆，但加傅而不洗，至春暖方涤去，久不为风日所侵，故洁白如玉也。”[②]据《本草纲目》草部第一八卷，栝蒌果实赤黄色，根部皮黄肉白，开浅黄色的花，有“悦泽人面”“面黑令白”的功效[③]，据笔者猜想这种妆容最初的出现应与装饰无关而与保护肌肤有关，生活在苦寒漠北的契丹妇女，为了保护面部肌肤抵御风沙的侵袭而以这种富有油脂的植物涂面，《辽宫词》曰：“也爱涂黄学佛妆，芳仪花貌比王嫱。如何北地胭脂色，不及南部粉黛香。”[④] 后来这种独特的妆容也被其他民族所接受，如蒙古族，“契丹人在融入蒙古民族中的同时把他们的妆饰习俗也带到了蒙古草原。所以说，蒙元时期蒙古族妇女的面妆与契丹妇女的‘佛妆’极为相似。”[⑤]

图4-1-3 辽代几种髡发样式（临摹图）

①《辽史拾遗》。

②《鸡肋编》。

③[明]李时珍：《本草纲目》，华夏出版社，2002年，第865页。

④陆长春：《辽宫词》。

⑤齐玉花、董晓荣：《蒙元时期蒙古族妇女面妆研究》，载《青海民族大学学报》（社会科学版）2011年第1期。

第二节　金代民族服饰融合研究

一、金代服饰概况

公元1113年，女真完颜部首领完颜阿骨打起兵灭辽，1115年建立了满族历史上第一个政权——金国，成为中国历史上长达119年的金代。女真族祖先原生活在北地，因气候寒冷服饰多就地取材，以兽皮制成。《大金国志》卷三十九记载："土产无桑蚕，惟多织布，贵贱以布之粗细为别。又以化外不毛之地，非皮不可御寒，所以无贫富皆服之。富人春夏多以纻丝绵紬为衫裳，亦间用细布。秋冬以貂鼠、青鼠、狐貉皮或羔皮为裘，或作纻丝绸绢。贫者春夏并用布为衫裳，秋冬亦衣牛、马、猪、羊、猫、犬、鱼、蛇之皮，或獐、鹿皮为衫。裤袜皆以皮。"[①] 据《三朝北盟会编》记载，女真地"冬极寒，多衣皮，虽得一鼠亦褫皮藏之，皆以厚毛为衣，非入室不撤"[②]。贵族与平民的服饰以材料不同为区别，贵族一般用貂皮、狐皮、貉皮等，平民用鹿皮、獐皮、牛皮、羊皮等。女真灭辽之后，渐渐穿起布帛所作的衣服，男子穿盘领袍，袍身窄小，左衽，不论贵贱皆穿尖头乌皮靴，腰系皮带。金俗好白衣，辫发垂肩。"其衣色多白，三品以皂，窄袖，盘领，缝腋，下为襞积，而不缺绔。"

金代女子服饰因袭辽代旧制，为直领团衫，左衽，下着黑、紫等色裙子。裙子是契丹女性的主要服饰之一。裙子裙摆宽大，多以黑紫色上绣以全枝花，下不裹足而穿靴。"妇人服裾裙，多以紫黑，上编锈金枝花，周身六襞积……此皆辽服也"，"金亦袭之"[③]。金代女子还穿大袄子和锦裙，《大金国志》卷三十九载："至妇人衣，曰'大袄子'，不领，如男子道服。裳曰'锦

①[金]宇文懋昭：《大金国志》，齐鲁书社，2000年，第287页。

②《三朝北盟会编》卷三。

③《金史•舆服志》。

裙’，裙去左右各缺二尺许，以铁条为圈，裹以绣帛，上以单裙笼之。”①

不同于辽代的二元政治体制，金代初期虽然摹仿辽代的南、北面官僚制度，但自熙宗②以后就完全抛弃了女真各项制度而全盘采用汉制，使得“政教号令，一切不异于中国”（《宋史•陈亮传》），海陵王③于他在位期间确立了金的汉本位思想，因此金代服饰的汉化非常明显。

（一）礼服

皇帝冠冕是在宋代汉族服制的基础上而定，由通天冠、绛纱袍、衮、冕、舄组成。衮衣面料为青罗，绘日、月、星辰、山、龙、华虫、火、宗彝等纹样，下裳面料为红罗，配蔽膝。皇后冠服由花珠冠、袆衣、裳、蔽膝、舄、袜等。花珠冠有九龙、四凤及花珠前后各十二支。皇太子冠服有冕、衮、青衣朱裳、白纱中单、裙、革带、蔽膝、朱舄、白袜，衮衣上有山、龙、华虫、火、宗彝等纹样，朱裳上有藻、粉米、黼、黻等纹样。宗室、外戚及一品命妇，衣服可以用明金。五品以上官母、妻，许披霞帔。百官服饰有祭服、朝服、公服。

（二）常服

常服由巾、盘领衣、带、乌皮靴等四部分组成。盘领衣盘领而窄袖，在前胸和肩部有文饰，多为左衽：“金虏君臣之服大率与中国相似，止左衽异焉，虽虏主服亦左衽。”④束带多以金、玉等为材料，足着乌皮靴，束带与皮靴为北方民族所常见的服饰。元初杂剧《虎头牌》中有一段对金代中后期服饰非常生动的描写：“往常我便打扮的别，梳妆的善：干皂靴鹿皮绵团也似软，那一领家夹袄子是蓝腰线……我那珍珠豌豆也似圆，我尚兀自拣择穿，头巾上砌的粉花儿现，我系的那一条玉兔鹘是金厢面。”⑤

图4-2-1 金代壁画中的妇女形象（临摹图）

二、金代民族服饰融合

金代女真人与汉人杂居，作为相互交流的结果，其服饰也相互影响，金代服制与宋代汉族服制相似，《金史》中有相关叙

①《大金国志》卷三十九。

②金熙宗（完颜亶）（1119—1149），尊崇汉族文化，对女真人的汉化发挥了不可磨灭的影响：“熙宗自为童时聪悟，适诸父南征中原，得燕人韩昉及中国儒士教之。后能赋诗染翰，雅歌儒服，分茶焚香，弈棋象戏，尽失女真故态矣。视开国旧臣则曰‘无知夷狄’，及旧臣视之，则曰‘宛然一汉户少年子也’。”——《大金国志》

③海陵王（完颜亮），“嗜习经史，一阅终身不复忘，见江南衣冠文物朝仪位著而慕之。”——《大金国志•海陵炀王上》

④《三朝北盟会编》卷二百四十四。

⑤李直夫：《虎头牌》。

图4-2-2 《文姬归汉图》中的女子服装形象（临摹图）

述：“金制皇帝服通天、绛纱、衮冕、偪舄，即前代之遗制也。其臣有貂蝉法服，即所谓朝服者。章宗时，礼官请参酌汉、唐，更制祭服，青衣朱裳，去貂蝉竖笔，以别于朝服。惟公、朝则又有紫、绯、绿三等之服，与夫窄紫、展皂等事。”[①]除了朝服，常服也如此，前文所提常服中首服之巾应为受汉族服饰影响的产物：“（巾）即幞头……考古工作者曾在阿城巨源齐国王墓中发现有女真幞头实物……女真幞头大致源于唐宋，而又具本民族特色……”[②]

金代统治者曾以法令的形式规定各类人所用服装面料，如大定十三年（1173），“太常寺拟士人及僧尼道女冠有师号，并良闲官八品以上，许服花纱绫罗丝䌷”，“庶人止许服絁䌷、绢布、毛褐、花纱、无纹素罗、丝绵，其头巾、系腰、领帕许用芝麻罗、绦用绒织成者……兵卒许服无纹压罗、絁䌷、绢布、毛褐。奴婢止许服絁䌷、绢布、毛褐。倡优遇迎接、公筵承应，许暂服绘画之服，其私服与庶人同。”[③]这似乎也是受到汉族服饰制度的影响。同时，汉人也因种种原因而改着契丹服。这种改服既有主动的接受，也有被动的接受。前者，如据《揽辔录》记载，“民亦久习胡俗，态度嗜好与之俱化，最甚者衣装之类，其

①《金史》卷四三《舆服志·中》。

②宋德金、史金波著：《中国风俗通史·辽金西夏卷》，上海文艺出版社，2001年，第295页。

③《金史·舆服下》。

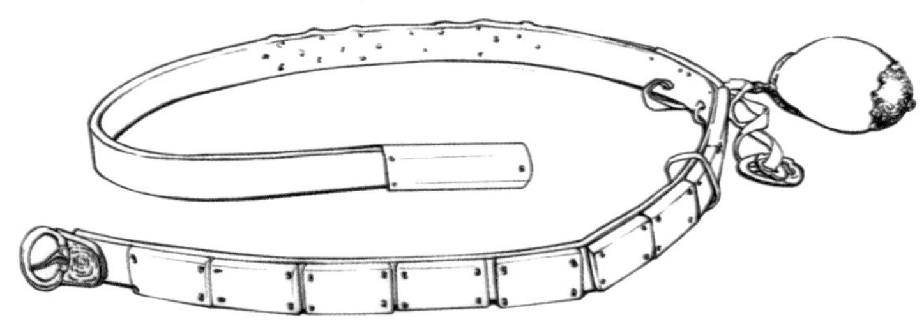

图4-2-3 金代金扣玉带（临摹图）

制尽为胡矣。自过淮以北皆然，而京师尤甚。”[①] 反映了汉人着契丹服的情形。这种情况应与契丹、汉族通婚等交流有关。[②]后者，如金代统治者要求包括汉族人在内的各族人们穿女真人的服饰。天会四年（1126）十一月，“今随处机归本朝，宜同风俗，亦仰削去头发，短巾，左衽。敢有违犯者，即是忧怀旧国，当正典刑，不得错失。”[③] 天会七年（1129），“金元帅府禁民汉服，又下令髡发，不如式者杀之。”在此时期，不同民族（一方为女真人，一方是以汉族为首的除女真人外的其他民族）之间的服饰交流以一种强制性的、带有血腥镇压性质的方式进行着，[④] 而因不遵从而遭杀戮者“莫可胜纪”[⑤]。在这种情形下，服饰的作用已不是遮寒蔽体，不是装饰身体，甚至也不仅仅是“别上下、辨等威”，而成为征服者用来征服被征服者的一种利器，这种情况在几个世纪以后的清代以更为惨烈的方式又一次重演（参见第五章第二节）。

然而服饰文化的交流似乎不以统治者的意愿为转移，大定二十七年（1187），金世宗为了保护女真民族服饰，颁布法令禁止女真人学南人（汉人）的服饰，违反者要治罪。[⑥]承安五年（1200），在拜礼中应该穿汉族服饰还是女真服饰引起了满朝的热议，一些汉族官员主张“凡公服则用汉拜，若便服则各用本俗之拜”，而一些女真官员则主张“公服则朝拜，便服则从本朝拜”。最后章宗“上乃命公裳则朝拜，诸色人便服则皆用本朝拜”。并于泰和五年（1205）“诏拜礼不依本朝者罚”。这也从另一个侧面说明了女真服饰的汉化程度之深。而到了泰和七年（1207），金章宗下令女真人不得学南人装束，“违者杖八十，编为永制”[⑦]。由此可以看出几十年过去了，民族之间的服饰交流并没有停止。

①“及其得志中国，自顾其宗族国人尚少，乃割土地、崇位号以假汉人，使为之效力而守之。猛安谋克杂厕汉地，听与契丹、汉人婚姻，以相固结。”——《金史·兵志》卷四十四。

②范成大：《揽辔录》。

③《大金吊伐录》卷三。

④“宋青州观察史李邈城陷入燕，因对髡发令有抵触言论而丧生。当时刘陶知代州，因一军人顶发稍长，大小且不如式，便将其斩首。知赵州韩青、知解州耿守忠见有穿汉服‘犊鼻’（即围裙）者，便把那个人杀了。一时因衣服和发式而无辜受害者，‘莫可胜纪’”——宋德金、史金波著：《中国风俗通史·辽金西夏卷》，上海文艺出版社，2001年，第304页。

⑤《建炎以来系年要录》卷二八。

⑥《金史》卷八《世宗纪下》。

⑦《金史》卷一二《章宗纪四》。

第三节 元代民族服饰融合研究

一、元代服饰概况

元代（1271-1368）是由蒙古族建立起来的庞大王朝，它是中国历史上第一个在全国范围内建立起来的、以少数民族统治者为主的政权。蒙古族以其强大的武力，不仅征服了中原及长江以南地区，还将其控制范围扩张至整个西亚地区，成为中国有史以来疆域最大的王朝。

元代男子着大襟袍服，男子皆髡发：“（上）至成吉思汗，下及国人，皆剃婆焦，如中国小儿，留三搭头在囟门者，稍长则剪之，在两下者，总小角垂于肩上。”① 元代各族服饰之间的融合在男子的首服上有着较为集中的体现，蒙古族承袭汉族的衣冠制度在《元史•舆服制》中有详细的记载，如宫廷护卫人员的首服就有交角幞头、凤翅幞头、学士帽、唐巾、控鹤幞头、花角幞头、平巾、绯罗抹额、五色巾、锦帽、武弁、甲骑冠、金兜13种之多。

元代官员有较为完善的服饰制度，通过颜色和花纹进行区别。从颜色上来看，一品至五品用紫色，六七品用绯色，八九品用绿色。从花纹上来看，一品用直径5寸的独科花，二品用直径3寸的小独科花，三品用直径2寸无枝叶的散答花，四、五品用直径1.5寸的小杂花，六、七品用直径1寸的小杂花，八品以下无花。这些定制可能在一定程度上影响了明清两代的官服特色。

女子服饰与男子区别不大：“男人和女人的衣服是以同样的式样制成的。他们不使用短斗篷、斗篷或帽兜，而是用粗麻布、天鹅绒或织锦制成的长袍，这种长袍是以下列式样制成：它

①[南宋]孟珙著、王瑕点校整理：《蒙鞑备録》。

们（两侧）从上端到底部是开口的，在胸部折叠起来；在左边扣一个扣子，在右边扣三个扣子，在左边开口直至腰部。各种毛皮的外衣样式都相同。不过，在外面的外衣以毛向外，并在背后开口；它在背后并有一个垂尾，下垂至膝部。”[①]女子袍服以左衽窄袖大袍为主，大口而小袖，长可曳地，里面穿套裤，无袖无裆，腰系腰带。喜用红、黄、茶、胭脂红、鸡冠紫、泥金等色。

（一）质孙服

“质孙”为蒙古语，或称“只孙”、“济孙”、“直孙”、“积孙”等，蒙古语为jisün。质孙服为百官出席质孙宴的礼服，是蒙元时代大汗颁赐的统一颜色的出席质孙宴会的礼服。《元史》有云：“质孙，汉言一色服也，内廷大宴服之。冬夏之服不同，然无定制。凡勋戚大臣近侍，赐则服之。下至乐工、卫士，皆有其服。精粗之制，上下之制，虽不同，总谓之质孙云。”[②]《宫词十五首》：“凡诸侯王及外番来朝，必赐宴以见之，国语谓之质孙宴。质孙，汉言一色，言其衣服皆一色也。”其注为“元代定为内廷大宴之礼服，上自天子，下及百官，内廷礼宴皆得著之。”《万历野获编》对其也有描写：“今圣旨中，时有制造只孙件数，亦起于元。时贵臣，凡奉内召宴饮，必服此入禁中，以表隆重。今但充卫士带服。亦不知其沿胜于胡俗也。”[③] 其形制为上衣下裳相连，衣式紧窄，下裳较短，腰间打许多褶裥，并在肩背间贯以大珠为饰，领型有圆领、方领等。此外，与质孙服配套的首服与足服要颜色统一，这是这种服饰的一大特点。质孙服在服色、饰衣的宝石珠翠上有着严格的限制，因此也可以被看作是等级的象征，冬季穿质孙服一般在肩部加披毛皮披肩。

（二）辫线袄

除质孙服外，还有一种辫线袄。辫线袄为圆领、紧袖、下长过膝，下摆宽大，腰部以上部分打上细密横褶后缝以辫线。比肩为袍外的一半袖的裘皮服装，男女皆可穿用。比甲为无袖、无领，前短后长，前后两片用襻系结。交领式辫线袍的形象在《事林广记》中的元人步射图可见。[④]曾有考古工作者挖掘出元代两件有双龙、日、月的辫线袄。一件是提花为双龙托起的日、月纹，另一件是以盘金绣绣出的云纹和日月纹。日、月、星辰为十二章的纹样，为历代以来帝王冕服上的特定纹样，从这可以看

① [英] 道森，吕浦译，周良霄注：《出使蒙古记》，中国社会科学出版社，1983年，第8页。

② 《元史•舆服志一》。

③ 《万历野获编》卷十四。

④ [南宋]陈元靓：《事林广记》，元至顺刻本，1962年，中华书局影印。

出辫线袄确实受到了中原汉族传统文化的影响。

一些研究文章指出蒙、元时期辫线袄对后世有较大影响，“这种上至天子百宵，下至乐工卫士皆可服用的‘虏人的上马之衣’，在明初也被汉人所穿着。制似辫线袄的裙袍在明代有多种称呼，到后期其款式又根据汉人的服式被逐渐地汉化、简化。”进一步提出“这种外来裙袄到清代已基本不见，但在清代皇帝的朝服中还依稀保留着辫线袄的某些特征，如双肩的日、月纹饰、腰部的细摺等。”

（三）顾姑冠

女子首服中比较特别的是顾姑冠（也称姑姑、罟罟、故姑、故故等）：从额处开始，覆一层软帽，将前额紧紧勒住，帽顶正中支起一个上广下狭的高大饰物，饰物外表还装饰着各种珠宝。“故姑之制，画木为骨，包以红绢金帛。顶之上用四、五尺长柳枝，或银打成枝，包以青毡。其向上人则用我朝翠花，或五彩帛饰之，令其飞动。以下人则野鸡毛。”[①]此外还有成书约在公元1221年的《长春真人西游记》中记载：“妇人冠以桦木，高二尺许，往往以皂褐笼之，富者以红绡，其末如鹅鸭，名曰‘故故’，大忌人触，出入庐帐须低回。”[②]赵珙在《蒙鞑备录》中也有如下描述：“凡诸酋之妻，则有顾姑冠，用铁丝结成，形如竹夫人，长三尺许，用红青锦绣或珠金饰之，其上又有杖一枝，用红青绒饰之。”[③] 稍后，约在公元1237年，另一位南宋使者彭大雅在《黑鞑事略》中记道：“其冠，被发而椎髻，冬帽而夏笠，妇人顶故故。”[④] 顾姑冠在元代上流社会广为流行，这在叶子奇的《草木子》中有详细的记载：“元朝后妃及大臣之正室，皆带姑姑衣大袍，其次即带皮帽。姑姑高圆二尺许，用红色罗盖。”[⑤]《析津志辑佚•岁纪》曾记载了原大都的一次佛事活动中后宫嫔妃等戴顾姑冠的盛况——“自东华门内，经十一室皇后斡耳朵前，转首清宁殿后，出厚载门外。宫墙内妃嫔嫱罟罟皮帽者，又岂三千之数也哉?”[⑥] 作者还对此有一个评价“可谓伟观宫廷，具瞻京国，混一华夷，至此为盛!”[⑦]

对于顾姑冠，曾出使中国的西方传教士约翰•普兰诺•加宾尼（John plano Carpini）和威廉•鲁布鲁乞（William Rubruck）对其也有较为详细的记载。“已经结婚的妇女穿一种非常宽松的长袍，在前面开口至底部。在她们的头上，有一个以树枝或树皮制成的圆的头饰。这种头饰有一厄尔高，其顶端呈

①[宋]彭大雅、徐霆疏证：《黑鞑事略》。

②[南宋]李志常：《长春真人西游记•王国维遗书》，第13册，上海古籍书店影印本，1983年。

③[南宋]孟珙著、王颋点校整理：《蒙鞑备録》。

④[宋]彭大雅、徐霆疏证：《黑鞑事略》。

⑤[明]叶子奇，《草木子》，卷三下，杂制篇，中华书局，1959年。

⑥熊梦祥：《析津志辑佚》，北京古籍出版社，1983年，第205-216页。

⑦熊梦祥：《析津志辑佚》，北京古籍出版社，1983年，第205-216页。

图4-3-1 戴顾姑冠的元顺宗后像

图4-3-2 战国时期银首铜身着右衽服装的添漆俑

正方形；从底部至顶端，其周围逐渐加粗，在其顶端，有一根用金、银、木条或甚至一根羽毛制成的长而细的棍棒。这种头饰缝在一项帽子上，这顶帽子下垂至肩。这种帽子和头饰覆以粗麻布、天鹅绒或织锦。不戴这种头饰时，她们从来不走到男人们面前去，因此，根据这种头饰就可以把她们同其他妇女区别开来。要把没有结过婚的妇女和年轻姑娘同男人区别开来是困难的，因为在每一方面，她们穿的衣服都是同男人一样的。他们戴的帽子同其他民族的帽子不同，但是，我不能够以你们所能理解的方式来描绘它们的形状。”①

二、元代民族服饰融合

（一）左衽与右衽

蒙元服饰的一大特点是左衽。《说文解字》曰：“衽，衣襟也。”段注“谓掩裳之衽，当前幅后幅相交之处。”古代的中原地区，汉族传统的压襟方式是左襟压右襟，是为“右衽”。从以下战国时期出土的铜器（见图4-3-2）、战国出土服饰复原款式

①[英]道森，吕浦译，周良霄注：《出使蒙古记》，中国社会科学出版社，1983年，第8-9页。

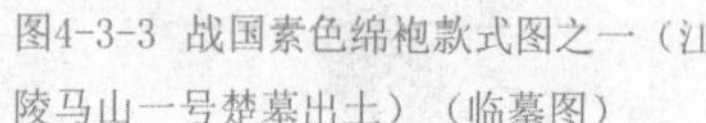

图4-3-3 战国素色绵袍款式图之一（江陵马山一号楚墓出土）（临摹图）

图4-3-4 战国素色绵袍款式图之二（江陵马山一号楚墓出土）（临摹图）

图（见图4-3-3、4-3-4）、汉代出土服饰实物（见图4-3-5），我们可以看到这些都是右衽服饰；从汉武梁祠画像中我们可以看到东汉时期男子和女子所着服饰皆为右衽（见图4-3-6）。[①]而在此之后的明代、清代，若衣服为大襟的款式基本上都是右衽。而北方多数民族的压襟方式是右襟压左襟，是为“左衽”，如鲜卑、突厥、回鹘（见图4-3-7）、契丹、女真、室韦等民族，其服饰皆为“左衽”，因而右衽和左衽就成为区别汉族服饰与少数民族服饰标志之一。

学界较为普遍的看法是蒙古族主要来源于室韦系各族，而蒙古族是以室韦各部为主体与其他各族相融合而成的民族，在《旧唐书•室韦传》中有这样的记载：“畜宜犬豕，豢养而啗之，其皮用以为韦，男子女人通以为服。被发左衽，其家富者项著五色杂珠。”[②] 我们从这段话中可以看出，至少在此时期蒙古族的服饰特点有二：一是不分男女；二是衣服像此时其周边的突厥、契丹等族一样为男女俱为左衽。

但到了元代，蒙古族男女俱右衽的服饰习俗又有了新的变化。《元典章•服色》载：“公服，俱右衽，上得兼下，下不得替上”[③] 百官公服“制以罗，大袖，盘领，俱右衽。”[④]《黑鞑事略》：“其服，右衽而方领，旧以毡毳革，新以纻丝金线，色用红紫、绀绿，纹以日月龙凤，无贵贱等差。”[⑤]从以上典籍的记载可以得知，元代公服皆为右衽，其材质、款式及等级皆有明确的定制。从“俱右衽”的语句可以看出右衽是在正式的、官方规定的服饰礼制中的正式的服装款式。

① [清] 瞿中溶：《汉武梁祠画像考》，北京图书馆出版社，2004年，第272-273页。

② [后晋] 刘昫、张昭远等：《旧唐书》卷一九九。

③《元典章》。

④《元史》卷七十八 。

⑤[宋]彭大雅撰，徐霆疏证：《黑鞑事略》。

图4-3-5 汉曲裾绵袍

图4-3-6 汉武梁祠画像石室第七石第二层“莱子父母同席坐”中男女服饰俱右衽（临摹图）

图4-3-7 元代回鹘着右衽服的男供养人像

图4-3-8 《元世祖出猎图》局部

我们在很多出土的墓室壁画中可以看到男子服右衽而女子服左衽。如发现于洛阳市伊川县元东村砖厂的伊川元代墓葬，其"内绘墓主夫妇并坐图"，二人坐于弧形高背椅上，"男主人坐左侧，短髭长须，头戴白色宽檐圆帽，颈有珠饰，身穿黑色宽白缘右衽宽袖长袍，腰系白带，左臂搁于椅子扶手上，右手握带，脚穿络缝靴。女主人袖手端坐右侧，额有花饰，头戴黑巾，身穿淡青色左衽衫，下着长裙，外罩直领半袖衫，脚穿黑靴"①。又如西安韩森寨元代墓墓室北壁男女主人壁画中男子右衽、女子左衽（见图4-3-9）。

再如内蒙古赤峰元宝山西坡元代壁画墓中《墓主人对坐图》中的男主人及男仆均为右衽，而女主人及女婢皆为左衽（见图4-3-10）。

有研究者认为蒙古族在元代时多服用右衽，是因为"蒙古族在室韦时期与周边少数民族一样皆着左衽式服饰，后来到大蒙国时期和元朝时期，大多服用右衽式服饰，只有少数妇女和侍女等服用左衽式服饰。这与当时盛行的尊右卑左习俗密切相关。"②

①张晓东、刘振陆：《蒙元时期蒙古人壁画墓的确认》，载《内蒙古文物考古》2010年第1期。

②董晓荣：《蒙元时期蒙古族衣着左右衽与尊右卑左习俗》，载《兰州学刊》2010年第3期。

图4-3-9 西安韩森寨元代墓墓室北壁男女主人壁画（临摹图）

图4-3-10 内蒙古赤峰元宝山西坡元代壁画《墓主人对坐图》（临摹图）

也许尊右卑左习俗可能是元代蒙古族喜服右衽服饰的一个重要因素，但如果秉承“尊右卑左”的习俗为何在室韦时期不遵从而只有到了元代时期才遵从呢？并且我们现在所看到的元代宗室画像

图4-3-11 元世祖像

图4-3-12 元文宗像

中，所看到的三类人群：一、男性贵族像（如元仁宗爱育黎拔力八达像、元世祖忽必烈像、元宪宗蒙哥像、元文宗像等）；二、女性贵族像（如元世祖皇后彻伯尔像、元英宗后苏咯巴拉像、元英宗皇后像等）；三、幼年贵族男子像（如元文宗太子雅克特古思像等），其服饰皆为右衽。而在一些研究文章中，也有女子穿左衽服装的记载："官员和商人们身着垂地的长衫，而一般大众却只穿及腰的短衫，以及浅颜色的裤子。妇女们既穿长袍，也穿长及膝盖的上衣、长袖或短袖的短外衣，以及裙子，等等。当妇女和少女上街时，她们的衣衫均为左衽而非右衽。有身份的男子素常穿着天然色的袍子，而在庆典场合则穿着背后绣有象征性图案的长袍，这些图案包括龙、凤、鸟以及吉祥的植物。"[①] 那么是否也可以理解为定都大都（北京）之后，中原的汉族文化以及汉族右衽的穿着习俗对蒙古族服饰的影响呢？笔者认为这样的解释似乎更加合理。

（二）"辫线袄"与"裑襒"

同时蒙古族的服饰也对汉族的服饰产生影响。徐霆为《黑鞑事略》所作疏证中有这样的对蒙族族辫线袄的记述："腰间密密打作细折，不计其数……又用红紫帛捻成线，横在腰，谓之'腰线'，盖马上腰围紧束突出，彩艳好看。"[②] 而明代的"裑襒"的款式似受辫线袄的影响，"曳撒"为明代服饰的一种，又称为"一襒"[③]，为"一色"的变音，明代刘若愚在《酌中志》中有如下记叙："裑襒，其制后襟不断，而两旁有摆，前襟两截，而

①[法]谢和耐著，刘东译：《蒙元入侵前夜的中国日常生活》，江苏人民出版社，1995年，第94页。

②[宋]彭大雅撰，徐霆疏证：《黑鞑事略》。

③《四友斋丛说•史二》："（寇天叙）每日戴小帽穿一撒坐堂，自供应朝廷之外，一毫不妄用。"——［明］何良俊：《四友斋丛说•史二》。

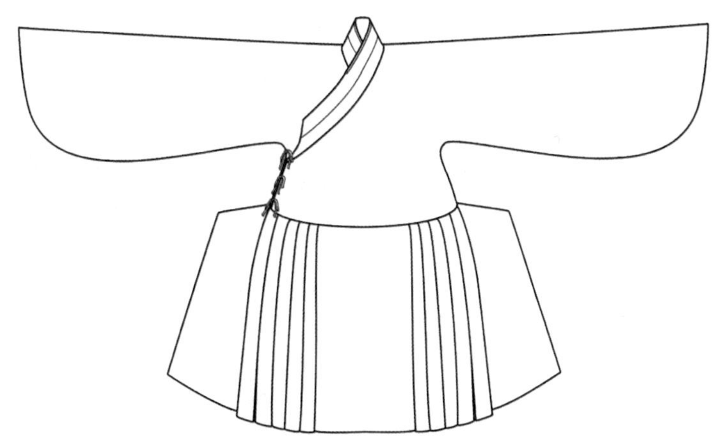

图4-3-13 曳撒款式图（临摹图）

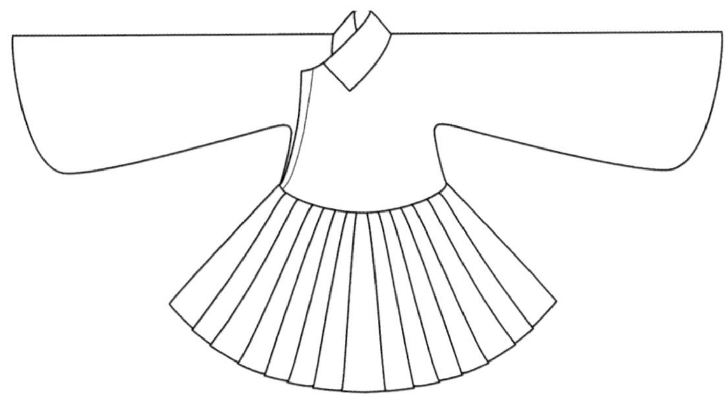

图4-3-14 明代香色麻飞鱼袍款式图（临摹图）

下有马面褶，往两旁起。”[①] 从上叙述我们可以看到曳撒的后片为一整片（也有分裁的实物出土），前片为上下分裁，腰部以下在两侧捏马面褶，侧身部位加量使其呈A字型（见图4-3-13）。这种中原地区汉族所没有的打褶的服饰应从元代蒙古族的辫线袄而来，“曳撒的形制为交领长袖、下摆两侧折有密褶即所谓‘从两旁起’、中间无褶平坦且两侧有摆。可谓对元代腰线袄的一种改制。”[②] 而这种来自于少数民族的服饰在明代曾经很流行，明王世贞《觚不觚录》：“袴褶，戎服也。其短袖或无袖，而衣中断，其下有横褶，而下复竖褶之，若袖长则为曳撒……而士大夫宴会必衣曳撒，是以戎服为盛。”

《明宫史》：“曳撒其制后襟不断而两傍有摆。前襟两截，而下有马面褶，两傍有耳。自司礼监写字以至提督正，并各衙门总理管事方敢服之。红者缀本等补，青者否。”曳撒这种打褶的形式在明代继续流传（见图4-3-14）。

①刘若愚：《酌中志》卷一十九。
②罗玮：《明代的蒙元服饰遗存初探》，载《首都师范大学学报》（社会科学版）2010年第3期。

此外，在制作服装的面料上来看，不仅有本国的面料，也有从其他国家运来的织物：“从契丹和东方的其他国家，并从波斯和南方的其他地区，运来丝织品、织锦和棉织品，他们在夏季就穿用这类衣料做成的衣服。”[①] 这也是一种民族间服饰的融合。

小结

辽代的北班国制，南班汉制，使得此时的服饰由两种并存的服饰制度组成，但这两条并行的服饰制度并不是两个平行的体系，而是在不同的时期有交叉，这也可以看作是辽代特殊的民族服饰融合特点。而辽代男子的髡发习俗在女真、蒙古族男子中也很普遍，再如女子，契丹女子以黄色涂面的习俗也对其他少数民族产生影响，因此蒙元时期蒙古族妇女的面妆与契丹妇女的“佛妆”非常相似。

汉族的服饰制度对金代服制影响较深，如上文所述，《金史》中所载服饰制度“即前代之遗制也”，这也是我们现在所看到的金代壁画、石刻中很多人物服饰与宋代汉族服饰多有相似的原因。金代统治者曾以法令的形式规定各类人所服用之面料，应是受到汉族服饰“昭名分、辨等威”思想的影响。

蒙元初期服饰无定制，加之受各民族文化的影响，服饰多“靡丽相尚，尊卑混淆”，到元代关于衣饰颁布了许多禁令，穿戴超出了规定范围要受重罚，这似乎也是受汉族服饰制度的影响。

古代的中原地区，汉族传统的衣襟系合方式是以左襟压右襟，是为“右衽”，而如鲜卑、突厥、回鹘、契丹、女真、室韦等许多民族的系合方式是以右襟压左襟，是为“左衽”，因此“右衽”和“左衽”就成为区别汉族服饰与少数民族服饰标志之一。而元代的服饰从一些留存的典籍记载中，可以得知其公服一般为右衽，而从前文所举例的墓室壁画中可以看到男子服装为右衽而女子服装为左衽。笔者认为，这种与其他民族不同的前襟系合方式似是与中原地区汉族服饰右衽的穿着习俗有关。与此相同，蒙古族的服饰也对汉族的服饰产生影响。蒙古族的“辫线袄”在款式和结构上与明代的“袍襒”有着一脉相承的传承关系。

①[英]道森，吕浦译、周良霄注：《出使蒙古记》，中国社会科学出版社，1983年， 第118-119页。

第五章　清时期民族服饰融合研究

第一节　清代服饰概况

1644年，清军入关，中国历史上最后一个封建王朝开始了它的统治。满族是女真人的后裔，与骑射生活相适应，女真人的特色服饰是紧身箭袖的长袍。在政权建立之后，对服制也未作太多规定。不但投降的明朝官吏多次提出服装汉化建议，连朝鲜使者也对统治者对服装不辨服色等威的随意穿着颇不以为意。[①]但统治者出于政治考虑，还是作出了坚持传统服饰的决策。皇太极曾告诫群臣，要吸取金世宗的教训，他还特别指出，汉族衣冠不利于骑射。

万历二十三年（1595），朝鲜使臣申忠一见到了努尔哈赤，以下是他对努尔哈赤相貌与穿着的描述：

“一、奴酋（努尔哈赤）不肥不瘦，躯干壮健，鼻直而大，面铁而长。

“一、头戴貂皮，上防耳掩，防上钉象毛如拳许。又以银造莲花台，台上作人形，亦饰于象毛前。诸将所戴，亦一样矣。

“一、身穿五彩龙文天益，上长至膝，下长至足，皆裁剪貂皮，以为缘饰。诸将亦有穿龙文衣，缘饰则或以貂，或以豹，或以水獭，或以山鼠皮。

“一、护项以貂皮，八九令造作。

“一、腰系银入丝金带。佩帨巾、刀子、砺石、獐角一条等物。

“一、足纳鹿皮兀刺鞋，或黄色或黑色。

“一、胡俗皆剃发，只留脑后少许。上下两条，辫结以垂。口髭亦留左右十余茎，余皆镊去。”[②]

从这段文字描述中可以看到还没有与汉族服饰融合的满族贵

①佟羊才曰：“你国宴享时，何无一人穿锦衣者也？”臣（申忠一）曰：“衣章所以别贵贱，故我国军民不敢着锦衣，其如你国上下同服者乎？”羊才无言。——徐恒晋：《建州纪程图记校注》，辽宁大学历史系，1978年，第20页。

②徐恒晋：《建州纪程图记校注》，辽宁大学历史系，1978年，第24页。

族服饰形象。服装上多皮毛，乃和满族居住之地气候寒冷及其游牧的生存方式有关，而“胡俗皆剃发”，努尔哈赤也不例外，并将留下的头发结成辫子。

一、男子服饰

清顺治九年（1652），颁布《服色肩舆永例》，标志着清朝服制更加礼法化。清代帝王的礼服有朝服、衮服等。其中衮服为皇帝在祭祀、祈雨等场合所穿。以石青色面料制成，绣五爪金龙四团，分布在前胸、后背和两肩。朝服根据季节的不同分为春、夏两式。

皇帝朝服的颜色有明黄色、蓝色、红色等多种，根据不同

图5-1-1 清朝龙袍局部

场合穿着。皇帝以下不用衮服，皇子朝服用金黄色，亲王、郡王用蓝色及石青色。其详细分类散见于《服色肩舆永例》、《清会典》以及《皇朝礼器图式》中。清高宗对服制更为重视，他在乾隆三十七年（1772）就曾说过："辽、金、元衣冠，初未尝不循其国俗，后乃改用汉、唐仪式。其因革次第，原非出于一时。即如金代朝祭之服，其先虽加文饰，未至尽弃其旧。至章宗乃概为更制。是应详考，以徵蔑弃旧典之由。衣冠为一代昭度，夏收殷冔，不相沿袭。凡一朝所用，原各自有法程，所谓礼不忘其本也。自北魏始有易服之说，至辽、金、元诸君浮慕好名，一再世辄改衣冠，尽去其纯朴素风。传之未久，国势浸弱。况揆具议改者，不过云衮冕备章，文物足观耳。殊不知润色章身，即取其文，亦何必仅沿其式？如本朝所定朝祀之服，山龙藻火，粲然具列，皆义本礼经，而又何通天绛纱之足云耶？" 自乾隆以后，清代皇帝的朝袍、衮服、龙袍都采用了传统的十二章图案，并且把每一章的式样和位置都作了明确的规定。

清代帝王的服装有朝服、吉服、常服、行服等，按季节分为冬夏，按场合分为不同颜色，何时穿何种服饰有着严格的规定："衣服之制，四时更易，皆由宫中传出，登之邸抄而行。各部署引见时，冬裘不得用羊皮，恶其近丧服也。夏不用亮纱，嫌其透体也。遇万寿或年节皆蟒袍，谓之花衣期。逢斋戒、忌日，皆青外褂，谓之常服。国丧则入临，皆反穿羊皮褂，余日玄青褂，至奉安始止。"①

清代官服为袍褂，下有开衩，一般官吏开两衩、皇族宗室开四衩。袍服为大襟或对襟，袖子较为紧窄，袖口呈弧形，俗称"箭袖"。根据季节不同首服也不同，夏戴凉帽、冬戴暖帽。清代官服中有补子，"补子"是一块绸料，根据等级不同绣上不同的纹样，再缝缀到官服上。文官的"补子"纹样是禽鸟，武官则用走兽，各分九等。区分官阶高低的标志，是补子、顶戴和腰带。

①[清]夏仁虎：《旧京琐记》，北京古籍出版社，1986年，第69页。

清朝皇帝服饰款式构成列表

首服	朝冠	冬用薰貂，十一月朔至上元用黑狐。上缀朱纬。顶三层，贯东珠各一，皆承以金龙四，余东珠如其数，上衔大珍珠一。夏织玉草或藤竹丝为之，缘石青片金二层，里用红片金或红纱。上缀朱纬，前缀金佛，饰东珠十五。后缀舍林，饰东珠七，顶如冬制。
	吉服冠	冬用海龙、薰貂、紫貂唯其时。上缀朱纬。顶满花金座，上衔大珍珠一。夏织玉草或藤竹丝为之，红纱绸里，石青片金缘。上缀朱纬。顶如冬吉服冠。
	常服冠	红绒结顶，不加梁，余如吉服冠。
	行冠	冬用黑狐或黑羊皮、青绒，余俱如常服冠。夏织藤竹丝为之，红纱里缘。上缀朱氂。顶及梁皆黄色，前缀珍珠一。
衣服	端罩	紫貂为之。十一月朔至上元用黑狐。明黄缎里。左、右垂带各二，下广而锐，色与里同。
	衮服	色用石青，绣五爪正面金龙四团，两肩前后各一。其章左日、右月，万寿篆文，间以五色云。春秋棉袷，冬裘、夏纱唯其时。
	朝服	色用明黄，唯祀天用蓝，朝日用红，夕月用月白。披领及袖皆石青，缘用片金，冬加海龙缘。绣文两肩，前、后正龙各一，腰帷行龙五，衽正龙一，襞积前、后团龙各九，裳正龙二、行龙四，披领行龙二，袖端正龙各一。列十二章，日、月、星、辰、山、龙、华虫、黼黻在衣，宗彝、藻火、粉米在裳，间以五色云。下幅八宝平水。
	龙袍	色用明黄。领、袖俱石青，片金缘。绣文金龙九。列十二章，间以五色云。领前后正龙各一，左、右及交襟处行龙各一，袖端正龙各一。下幅八宝立水，襟左右开，棉、袷、纱、裘，各唯其时。
	常服褂	色用石青，花文随所御，裾左右开。行褂，色用石青，长与坐齐，袖长及肘。
	常服袍	色及花文随所御，裾四开。行袍同。
配饰	朝珠	用东珠一百有八，佛头、记念、背云、大小坠杂饰，各唯其宜，大典礼御之。唯祀天以青金石为饰，祀地珠用蜜珀，朝日用珊瑚，夕月用绿松石，杂饰唯宜。绦皆明黄色。
	朝带	朝带之制二，皆明黄色： 一、用龙文金圆版四，饰红蓝宝石或绿松石，每具衔东珠五，围珍珠二十。 一、用龙文金方版四，其饰祀天用青金石，祀地用黄玉，朝日用珊瑚，夕月用白玉，每具衔东珠五。
	吉服带	用明黄色，镂金版四，方圆唯便，衔珠玉杂宝各从其宜。左右佩帉纯白，下直而齐。
	行带	色用明黄，左右佩系以红香牛皮为之，饰金钑花文银镮各三。

清代文武官员补服列表

官员品级	所着补服
文一品	朝冠，顶镂花金座，中饰东珠一，上衔红宝石。补服前后绣鹤，唯都御史绣獬豸。朝带镂金衔玉方版四，每具饰红宝石一。余皆如公。
文二品	朝冠，冬用薰貂，十一月至上元用貂尾，顶镂花金座，中饰小红宝石一，上衔镂花珊瑚。吉服冠顶亦用镂花珊瑚。补服前后绣锦鸡。朝带镂金圆版四，每具饰红宝石一。余皆如文一品。
文三品	朝冠，顶镂花金座，中饰小红宝石一，上衔蓝宝石。吉服冠顶亦用蓝宝石。补服前后绣孔雀，唯副都御史及按察使前后绣獬豸。朝带镂花金圆版。余皆如文二品。
文四品	朝冠，顶镂花金座，中饰蓝宝石一，上衔青金石。吉服冠顶亦用青金石。补服前后绣雁，唯道绣獬豸。蟒袍通绣四爪八蟒。朝带银衔镂花金圆版四。余皆如文三品。
文五品	朝冠，顶镂花金座，中饰小蓝宝石一，上衔水晶石。吉服冠顶亦用水晶。补服前后绣白鹇，唯给事中、御史绣獬豸。朝服色用石青，片金缘，通身云缎，前后方襕行蟒各一，中有襞积。领、袖俱用石青妆缎。朝带银衔素金圆版四。余皆如文四品。
文六品	朝冠，顶镂花金座，中饰小蓝宝石一，上衔砗磲。吉服冠顶亦用砗磲。补服前后绣鸂鶒，朝带银衔玳瑁圆版四。余皆如文五品，唯无朝珠。
文七品	朝冠，顶镂花金座，中饰小水晶一，上衔素金。吉服冠顶亦用素金。补服前后绣鸂鶒，朝带素圆版四。蟒袍通绣四爪五蟒。余皆如文六品。
文八品	朝冠，镂花阴文，金顶无饰。吉服冠同。补服前后绣鹌鹑。朝服色用石青云缎，无蟒。领、袖冬、夏皆青倭缎，中有襞积。朝带银衔明羊角圆版四。
文九品	朝冠，镂花阳文，金顶。吉服冠同。补服前后绣练雀。朝带银衔乌角圆版四。余皆如文八品。
武一品	补服，前后绣麒麟。余皆如文一品。
武二品	补服，前后绣狮。余皆如文二品。
武三品	朝冠，冬用薰貂，补服前后绣豹。余皆如文三品。唯朝服无貂缘及无端罩。一等侍卫戴孔雀翎。端罩猞猁狲，间以貂皮，月白缎里。余如武三品。
武四品	补服，前后绣虎。余皆如文四品。二等侍卫戴孔雀翎。端罩红豹皮为之，素红缎里。朝服冬、夏均翦绒缘，色用石青，通身云缎，前后方襕行蟒各一，腰帷行蟒四，中有襞积。领、袖俱石青妆缎，余如武四品。
武五品	补服，前后绣熊。余皆如文五品。唯无朝珠。三等侍卫戴孔雀翎。端罩黄狐皮为之，月白缎里。朝服冬、夏俱翦绒缘。余如武五品，唯得用朝珠。
武六品	补服，前后绣彪。余皆如文六品。蓝翎侍卫朝冠顶饰小蓝宝石一，上衔砗磲，戴蓝翎。端罩、朝服、朝珠均同三等侍卫。余如武六品。
武七品	补服，前后绣犀牛。余皆如文七品。
武八品	补服如武七品。余皆如文八品。
武九品	补服，前后绣海马。余皆如文九品。

在《老稼斋燕行日记》中，有关于朝鲜燕行使者关于清代朝服的描写：“胡人常时所服皆黑色，贵贱无别，至是日皆具冠带，所谓冠带，有披肩、接袖、马踢胸等名，其帽顶、带版、坐席、补服，各以品级不同。盖帽顶以衔红石为贵，其次蓝石，其次小蓝石，其次水晶，其次无衔为下。带版，玉为贵，其次起花金，其次素金，其次羊角为下。坐席有头爪虎皮为贵，其次无头爪虎皮，其次狼，其次獾，其次貉，其次野羊，其次狍，其次白毡为下。夏则三品以上红毡，四品以下皆白毡。补服文禽武兽，悉遵明制。里衣，其长及踝，狭袖而阔裾。表衣，其长至腰，两袖及肘，是谓接袖。圆裁锦幅，贯项，加肩，前后蔽领，是谓披肩。披肩及表里衣皆黑，而其绣以四爪蟒为贵。补服在表，束带在里，文武四品以上，方许挂数珠，拴马踢胸、马踢脑，未详其制。此等服色虽非华制，其贵贱品级亦章章不紊矣。”①从以上的描述可以看出18世纪早期融合了满汉两个民族服饰特色的清代朝服形象，在这段话中我们可以获取以下信息：一、满族常服多黑色，无贵贱之别；二、其朝服从衣服、首服到配件，乃至坐席都按照品级差异而有所区别；三、补服沿用文禽武兽的装饰手段，为遵从明制的汉族服饰特点；四、服饰中袖狭而裾阔的里衣、长至腰的半袖外衣、披肩、“马踢胸”、“马踢脑”等皆为满族服饰特色。以上的描述是从一个外国人眼中来看清代的官服，其描述虽有不准确的地方，但也在一定程度上反映了当时的穿着。

男子的便服已经基本满化，主要是长袍、马褂、马甲、瓜皮帽，其面料精美、材质各异：“士夫长袍多用乐亭所织之细布，亦曰对儿布。坚致细密，一袭可衣数岁。外褂则多为江绸，间用库缎。文锦记者，良绸皆团花，初用暗龙，后乃改用拱璧、汉瓦、富贵不断、江山万代之类。”②长袍特点是窄身、窄袖、无领、大襟。褂是清代特有的一种服饰，一般为圆领、对襟袖口齐平，有两种款式，一是长褂，长至膝，又名“礼卦”；二是短褂，长至腰间，又称为“马褂”或“行褂”，又名马褂，盖便于乘骑也。马褂又分纱、单、夹三种，“马褂长袖者曰卧龙袋。有中作半背形而两袖异色者，满人多著之”③。马甲是无袖短衣，也称“背心”、“坎肩”，男女均服，先着于内，晚清时穿于外面，“半背曰坎肩，其前襟横作一字式者曰军机坎，亦有用麂鹿皮者”④。工艺有织花、缂丝、刺绣等。花纹有满身洒花、折枝

①[朝]金昌业：《老稼斋燕行日记》，韩国民族文化促进会，1989年，第37页。转引自刘广铭：《“老稼斋燕行日记”中的满族人形象——兼与其中的汉族人形象比较》，载《延边大学学报》（社会科学版）2008年第2期。

②[清]夏仁虎：《旧京琐记》，北京古籍出版社，1986年，第39页。

③[清]夏仁虎：《旧京琐记》，北京古籍出版社，1986年，第39页。

④[清]夏仁虎：《旧京琐记》，北京古籍出版社，1986年，第39页。

花、整枝花、百蝶、仙鹤，等等，内容都寓有吉祥含义。清中后期，在马甲上施加如意头、多层绲边，除刺绣花边之外，加多层绦子花边、捻金绸缎镶边。款式可细分为琵琶襟、大襟、一字襟、对襟种种。瓜皮帽为明代男子服装的仅存硕果。小帽本来是明代无身份的百姓首服，士大夫一般不戴。但清代严禁方巾，小帽就变成了无论贵贱都可以戴的常服帽。足服以靴为主，但与前朝相比有了一些变化，“仕宦平居多著靴，嫌其底重，乃以通草制之，亦曰篆底，后乃改为薄底，曰军机跑”[①]。

男装款式200余年中变化不大。主要变动在于领部与款式花色的变化。直到清末之前，男子的服装一般都无领，需要戴领时，领口另加“领衣”。领衣左右到肩部，前门襟对开并有扣袢，因其形状与牛的舌头相似，又名“牛舌头”。后来在便装上发展出直接缝合在领口的立领，因为形似元宝，叫做元宝领。在款式方面，清初款式尚瘦长，顺治末减短至膝，不久又加长至脚踝。受汉族服装传统观念影响，款式逐渐宽松，有的袖口已经长达一尺多。到清末，又受西装影响，变得越来越紧瘦，长盖脚面，袖仅容臂，瘦到极至时，连下蹲抬臂都困难。当时的《京华竹枝词》曾取笑说：“新式衣裳夸有根，极长极窄太难论，洋人着服图灵便，几见缠躬不可蹲。”服装花色早期多天青，至乾隆中流行玫瑰紫，乾隆末在福康安引领下开始流行福色（深绛色）。此时的扬州俨然已是中国的时尚之都，“著衣尚为新样，十数年前（乾隆初）缎用八团，后变为大洋莲，拱壁蓝，颜色在前尚三蓝，朱墨、库灰、泥金黄，近尚高粱红、樱桃红，谓之福色。”[②]嘉庆时，又流行香色、浅灰色，夏天则流行棕色。至咸同中，流行蓝、驼、酱、油绿、米等色。至清末光宣时，则宝蓝、天青、库灰色。

以朝鲜使臣看来，顺治皇帝喜汉族的传统服饰而恶满族的服饰：“金汝辉来谒，赠礼物，详问阙中事情。渠云：儿皇力学中华文字，稍解文理，听政之际，语多惊人，气象桀骜，专厌胡俗，慕效华制，暗造法服，时或着御，而畏群下不从，不敢发说。”[③]

普通百姓对于改朝易服如何看待呢，朝鲜使臣金昌业将自己与一个十五岁中国男子的对话记录了下来：

“余问你见俺们冠服如何？曰好。”

“问俺们衣冠你见如何，好笑否？答不敢笑。实说无妨。答

①[清]夏仁虎：《旧京琐记》，北京古籍出版社，1986年，第39页。

②[清]李斗：《扬州画舫录》。

③麟坪大君：《燕途纪行》，韩国民族文化促进会，1989年，第41页。转引自刘广铭：《“燕途纪行”中的顺治形象》，延边大学出版社，2009年，第6页。

曰衣冠乃是礼也，有何笑乎？”

“问我们衣冠与大国异制，可骇不骇？答老爷们衣冠甚可爱，我明朝衣冠是这样；问然则公辈即今衣冠非旧制否？答我们此时衣冠是满洲。”①

关于金昌业的这次对话，还有另一个记录的版本：“问‘你祖先衣冠其制如何？’答曰‘生在晚，不知。’问‘俺们衣冠你见如何，好笑否？’答‘不敢笑。’‘实说无妨。’答曰：‘衣冠乃是礼也，有何笑乎’……‘剃头尔意乐乎，何不存发如我们？’答：‘剃是风俗，不是礼’……问：‘达子剃头，你们亦剃头，有何分别中国夷狄？’答：‘虽我们剃头，有礼；达子剃头，无礼。’余曰‘说得有理。你年少，能知夷狄中国有别，可贵，可悲。高丽虽曰东夷，衣冠文物皆仿中国，故有小中华之称矣。今此问答，泄则不好，宜秘之。’”②

此外，《老稼斋燕行日记》中有一段关于清代演戏之人与服饰之间关系的描写：“闻戏子皆从南方来……然其所演。皆前史及小说。其事或善或恶。使人见之。皆足以劝惩。而前代冠服制度。中国风俗可观者多。如今日汉人之后生。犹羡慕华制者。乃由于此。以此言之。戏子亦不可无也。闻译辈言。北京戏子。在正阳门外。设棚大街上。自今十三日始为之。服色尤华丽云。”③ 从中也可以看到当时一些汉族年轻人对前代衣冠的态度。

《燕辕直指》中有1832年朝鲜使臣金景善参观俄罗斯馆的描述：“每屋辄挂其帝后之像，帝像则首不加冠……后像则头插五采花，身被绣服而跣足……俄而又有一人手持鼻烟壶从右炕出，宛是画里人，而长须长身，颜色妍好，衣裤皆为满制，但所有衣帽状如我国耳……”④ 这其中所描写的人的穿着“衣裤皆为满制”，而“所有衣帽状如我国”，从中可以看到清代满汉服饰的杂糅风格。

二、女子服饰

清代后妃与命妇朝服款式繁复，为方便起见，现以列表的形式对其进行介绍。

①[朝]金昌业：《老稼斋燕行日记》，韩国民族文化促进会，1989年，第37页。转引自刘广铭：《“老稼斋燕行日记”中的满族人形象——兼与其中的汉族人形象比较》，载《延边大学学报》（社会科学版）2008年第2期。

②转引自邱瑞中：《燕行录研究》，广西师范大学出版社，2010年，第189页。

③转引自邱瑞中：《燕行路研究》，广西师范大学出版社，2010年，第206页。

④李景善：《燕辕直指》，“燕行录选集”本，韩国成均馆大学，1962年。转引自陈尚胜：《明清时代的朝鲜使节与中国记闻——兼论“朝天录”和“燕行录”的资料价值》，载《海交史研究》2001年第2期。

清代后妃朝服款式列表

后妃品级	服饰款式
皇后	朝冠，冬用薰貂，夏以青绒为之，上缀硃纬。顶三层，贯东珠各一，皆承以金凤，饰东珠各三，珍珠各十七，上衔大东珠一。 吉服冠，薰貂为之，上缀硃纬。顶用东珠。 朝褂之制三，皆石青色，片金缘：一、绣文前后立龙各二，下通襞积，四层相间，上为正龙各四，下为万福万寿文。一，绣文前后正龙各一，腰帷行龙四，中有襞积。下幅行龙八。一、绣文前后立龙各二，中无襞积。下幅八宝平水。皆垂明黄绦，其饰珠宝唯宜。 朝袍之制三，皆明黄色：一、披领及袖皆石青，片金缘，冬加貂缘，肩上下袭朝褂处亦加缘。一、披领及袖皆石青，夏用片金缘，冬用片云加海龙缘，肩上下袭朝褂处亦加缘。一、领袖片金加海龙缘，夏片金缘。中无襞积。裾后开。 龙褂之制二，皆石青色：一、绣文五爪金龙八团，两肩前后正龙各一，襟行龙四。下幅八宝立水。袖端行龙各二。 龙袍之制三，皆明黄色，领袖皆石青：一、绣文金龙九，间以五色云，福寿文采唯宜。一、绣文五爪金龙八团，两肩前后正龙各一，襟行龙四。下幅八宝立水。一、下幅不施章采。 朝服朝珠三盘，东珠一，珊瑚二，佛头、记念、背云、大小坠珠宝杂饰唯宜。吉服朝珠一盘，珍宝随所御。绦皆明黄色。 采帨，绿色，绣文为“五谷丰登”。佩箴管、縏袠之属。绦皆明黄色。 朝裙，冬用片金加海龙缘，上用红织金寿字缎，下石青行龙妆缎，皆正幅。有襞积。夏以纱为之。
太皇太后、皇太后	初制，皇后冠服，凡庆贺大典，冠用东珠镶顶，礼服用黄色、秋香色五爪龙缎、凤凰翟鸟等缎。太皇太后、皇太后冠服，凡遇受贺诸庆典，冠用东珠镶顶，礼服用黄色、秋香色五爪龙缎、绣缎、妆缎。
皇贵妃	朝冠，冬用薰貂，夏以青绒为之。上缀硃纬。顶三层，贯东珠各一，皆承以金凤，饰东珠各三，珍珠各十七，上衔大珍珠一。硃纬上周缀金凤七，饰东珠各九，珍珠各二十一。后金翟一，饰猫睛石一，珍珠十六，翟尾垂珠，凡珍珠一百九十二，三行二就。中间金衔青金石结一，东珠、珍珠各四，末缀珊瑚。冠后护领垂明黄绦二，末缀宝石。青缎为带。吉服冠与皇后同。
贵妃	冠服袍及垂绦皆金黄色，余与皇贵妃同。
妃	朝冠，顶二层，贯东珠各一，皆承以金凤，饰东珠九，珍珠十七，上衔猫睛石。硃纬。上周缀金凤五，饰东珠七，珍珠二十一。后金翟一，饰猫睛石一，珍珠十六，翟尾垂珠，凡珍珠一百八十八，三行二就。中间金衔青金石结一，饰东珠、珍珠各四，末缀珊瑚。冠后护领垂金黄绦二，末缀宝石。青缎为带。
嫔	朝冠，顶二层，贯东珠各一，皆承以金翟，饰东珠九，珍珠十七，上衔稃子。硃纬。上周缀金翟五，饰东珠五，珍珠十九。后金翟一，饰珍珠十六，翟尾垂珠，凡珍珠一百七十二，三行二就。中间金衔青金石结一，饰东珠、珍珠各三，末缀珊瑚。冠后护领垂金黄绦二，末缀宝石。青缎为带。吉服冠与妃同。 朝褂，与妃同。龙褂，绣文两肩前后正龙各一，襟夔龙四。余同妃制。朝袍、龙袍俱用香色。余与妃同。 朝服朝珠三盘，珊瑚一、蜜珀二。吉服朝珠一盘。绦用金黄色。领约、朝裙皆与妃同。采帨不绣花文。余同妃制。 初制，皇贵妃、贵妃、妃、嫔冠服，凡庆贺大典，皇贵妃、贵妃冠顶用东珠十二颗，妃冠顶用东珠十一颗。礼服用凤凰、翟鸟等缎，五爪龙缎、妆缎、八团龙等缎。至黄色、秋香色，自皇贵妃以下，概不许服。嫔冠顶用东珠十颗，礼服用翟鸟等缎，五爪龙缎、妆缎、四团龙等缎。

清代命妇朝服款式列表

命妇品级	服饰款式及配饰
一品命妇	朝冠，顶镂花金座，中饰东珠一，上衔红宝石。余皆如民公夫人。
二品命妇	朝冠，顶镂花金座，中饰红宝石一，上衔镂花珊瑚。吉服冠顶亦用镂花珊瑚。余皆如一品命妇。
三品命妇	朝冠，顶镂花金座，中饰红宝石一，上衔蓝宝石。吉服冠顶亦用蓝宝石。余皆如二品命妇。
四品命妇	朝冠，顶镂花金座，中饰小蓝宝石一，上衔青金石。吉服冠顶亦用青金石，朝袍片金缘，绣文前后行蟒各二，中无襞积。后垂石青绦，杂饰唯宜。蟒袍通绣四爪八蟒。朝裙片金缘，上用绿缎，下石青行蟒妆缎，均正幅，有襞积。余皆如三品命妇。
五品命妇	朝冠，顶镂花金座，中饰小蓝宝石一，上衔水晶。吉服冠顶亦用水晶。余皆如四品命妇。
六品命妇	朝冠，顶镂花金座，中饰小蓝宝石一，上衔砗磲。吉服冠顶亦用砗磲。余皆如五品命妇。
七品命妇	朝冠，顶镂花金座，中饰小水晶一，上衔素金。吉服冠顶亦用素金。蟒袍通绣五蟒。余皆如六品命妇。崇德元年，定命妇冠、服各视其夫官阶。

图5-1-2 清朝皇贵妃冬朝冠（满族服饰）

清代女装由于“十从十不从”之故，存满汉二式，满汉两族女子基本保持各自的服装形制。满族妇女穿长袍，满族女子所穿的长袍为满族传统的旗装，外罩马甲，脚着马蹄底（或花盆底）鞋，头戴达拉翅：“旗下妇装，梳发为平髻，曰一字头，又曰两把头。大装则戴珠翠为饰，名曰钿子。袍褂如其夫之服，常装之袍，长至蔽足……履底高至四五寸，上宽而下圆，俗谓之花盆底。袍不开气，行时以不动尘为有礼云。”①

汉族女子的服装仍沿用明代形制，基本为上衣下裳制，上身着袄、衫，下身束裙，或上衣下裤。随着时代变迁，满汉女装也逐渐发生融合。汉式女装的大袖变成了直筒袖，斜襟变成了大襟，装饰越来越繁复，满式女装也发展出“衬衣”、“氅衣”等不同于以往的新样式。

此时女子服装喜欢在领口、袖口、下摆等处嵌边，从“三镶三绲”到“五镶五绲”甚至到“十八镶绲”，到达极致时甚至看不到衣服本身的面料。据江苏巡抚对苏州地区的风俗衣饰《训俗

图5-1-3　清朝黄缎绣云龙女袍（满族服饰）

①［清］夏仁虎：《旧京琐记》，北京古籍出版社，1986年，第71页。

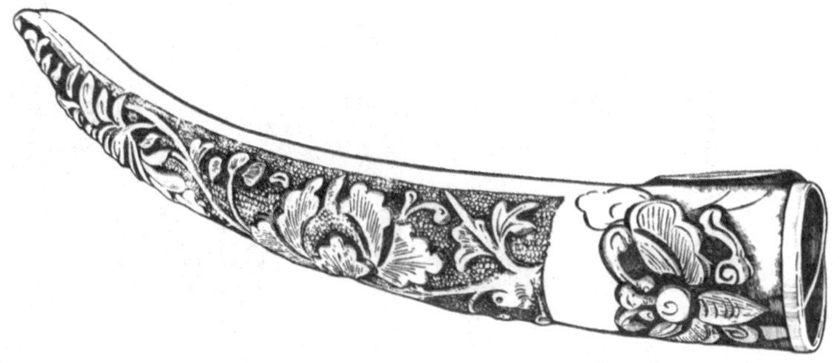

图5-1-4 清朝银指套（临摹图）

图5-1-5 晚清花蝶纹暗花缎袄与彩绣花卉纹马面裙（汉族服饰） 中国丝绸博物馆藏品

条》中称：“至于妇女衣裙，则有琵琶、对襟、大襟、百裥、满花、洋印花、一块玉等式样。而镶滚之费更甚，有所谓白旗边，金白鬼子栏杆、牡丹带、盘金间绣等名色，一衫一裙，本身兰价有定，镶滚之外，不啻加倍，且衣身居十之六，镶条居十之四，一衣仅有六分绫绸。新时固觉离奇，变色则难拆改。”①

清代女子服饰色彩丰富、变化很快，且不同身份所穿着的颜色有一定之规：“妇女衣裙，颜色以年岁为准。金绣浅色之衣，

①[清]夏仁虎：《旧京琐记》，北京古籍出版社，1986年，第39页。

图5-1-6 戴云肩的清代妇女形象

图5-1-7 清代汉族妇女着装形象

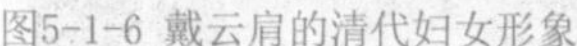

唯新嫁娘或闺秀服之，一过妙龄，即以青、蓝、紫、酱为正宗矣。衫袖腋窄而中宽，谓之鱼肚袖，行时飘曳，亦有致。后乃慕南式而易之，则又紧抱腕臂，至于不能屈伸。”①

云肩为清代女子服饰的一种，这种妇女披在肩上的装饰物，早在五代时已有，元代舞女也喜穿用，据《元史•舆服志》记载：“云肩，制如四垂云。”到了明代，云肩成为女子衣服上的装饰。清代妇女在婚礼服上多用云肩，清末江南妇女梳低垂的发髻，恐衣服肩部被发髻油腻沾污，故多在肩部戴云肩。清李渔在《闲情偶寄》中云：“云肩以护衣领，不使沾油，制之最善者也。但须与衣同色，近观则有，远视若无，斯为得体。即使难于一色，亦须不甚相悬。若衣色极深，而云肩极浅，或衣色极浅，而云肩极深，则是自首判然，虽曰相连，实同异处，此最不相宜之事也。”贵族妇女所用云肩，制作精美，边缘做成各种花瓣的形状，或结线为璎珞，一般都在边缘垂下丝穗。

清代“抹胸”又称“肚兜”，一般做成菱形，下呈三角形，遮住小腹。肚兜用带子系和，上部套在颈间，腰部的两个尖角各有两条带子根据肥瘦在腰后打结。系带的材质各异，带子为百姓常用，富人多用金链，中等之家用银链和铜链。肚兜只有前片，后背袒露。肚兜上有各类精美刺绣，如将虎、蝎、蛇、壁虎等图案绣在肚兜上以驱邪，还有表达情爱的荷花、鸳鸯等图案。肚兜的材质以棉、丝绸居多。

①[清]夏仁虎：《旧京琐记》，北京古籍出版社，1986年，第39页。

图5-1-8 清《十二美人图》之一

图5-1-9 清朝满族如意簪（左）与汉族银簪（右）（临摹图）

图5-1-10 清朝满族女子足服

清代女子穿在外面的是斗篷，因其像钟的形状而俗称“一口钟”。清代斗篷是不开衩的无袖长衣，满语叫“呼呼巴”，有长短两式，领有抽口领、高领和低领三种，男女都可穿用。妇女所穿的斗篷，材质为绸缎居多，一般用色艳丽，还在上面施以文绣。

满族汉族女子服装中也有相同的款式构成：“旗、汉装无不绑腿者，以地气寒也，其带则平金绣花，争奇斗靡。棉裤则秋深已著，春尽始去，殊损袅娜之致。庚子后渐同南化，然本质不易也。”此外，从服饰品上也可以看到两个民族女性服饰间的相互影响，如图5-1-9清代满族如意簪与汉族银簪具有一定的相似性。

此时汉族妇女依然以缠足为尚，所穿的弓鞋有平跟与高跟两种形式。由（清）张风纲编、（清）李菊侪、（清）胡竹溪所绘的《旧京警世画报》[①] 是宣统年间京城风情的较为真实的资料，我们从中可以很清楚地看到满族和汉族妇女不同的足部特征——满族妇女为天足、汉族妇女为小脚。[②]在沈泊尘的《新新百美图》中有一幅民国初年女子踢球的画面，所提文字为“记得当初裹脚疼，朝朝啼哭阿娘憎。如今放足蛮靴稳，姊妹球场我最能。”[③] 将妇女缠足——天足这一巨大变化表达无疑。

①《北京警世画报》为清末出版的刊物，创刊于清宣统元年（1909），仅出版了60期即告停刊，记录了清末京城的市井新闻，因其图文并茂的形式集可读性与趣味性于一身。

②杨炳炎主编：《旧京警世画报：晚清市井百态》，中国文联出版社，2002年，第21、第22、第24、第37、第39、第59、第64页，等等。

③吴浩然编著：《老上海女子风情画》，齐鲁书社，2010年，第82页。

第二节　易服剃发与“十从十不从”

清初满族统治者将服饰的定制作为政治统治的工具，强迫汉族人民穿满族的服饰，并责令男子剃发、梳长辫，使得民族之间的矛盾异常尖锐。

一、易服、剃发与满汉服饰之争

清代建立之前的满族服装依然保留了鲜明的北方游牧民族的服饰特色，即便于骑射的合体紧身的服装造型与窄袖的结构特征，这与汉族服饰宽衣博带的形制特点迥然不同。长期处于战争状态的后金，其服制上下同服、没有像汉族服饰那样鲜明的品级限制，且没有对服制作太多规定。

然而，随着政权内部汉族成分不断增加，辨服色、明等威的呼声也越来越高。天聪九年（崇祯八年，1635年）十二月，镶蓝旗固山副将张存仁在奏本中提到：“……今汗国势已大，何不称曰皇帝，而尚曰汗何□文武等级止曰六部，国中虽有官之职□矩，何不就于衣帽上定大小也？既是□虽立学校，而不能加以服色，曾立科场□养人、知重人、用人、莫疑人，贤者宜优□宜信此该皇帝手断，方能启后人□汗把北京作为预先安排，临期易于□汗之明，臣服汗之才，汗尚不肯自用其明，大展其才。”[①]而统治者出于政治统治的需要，并没有采纳其主张，而是作出了坚持传统服饰的决策。

崇德二年（崇祯十年，1637年），皇太极谕诸王、贝勒：“昔金熙宗及金主亮废其祖宗时冠服，改服汉人衣冠。迨至世宗，始复旧制。我国家以骑射为业，今若轻循汉人之俗，不亲弓

①《明清史料》。

矢，则武备何由而习乎？射猎者，演武之法；服制者，立国之经。嗣后凡出师、田猎，许服便服，其余悉令遵照国初定制，仍服朝衣。并欲使后世子孙勿轻变弃祖制。”由此可知，其不能采用汉族服饰制度的原因不外乎两点：首先，满族以“骑射为业”，全民皆兵，而汉族的长袍大袖之款式并不利于骑射，且严重影响战斗力，因此也会影响与明政权的战争。其次，回顾历史，古代少数民族政权的汉化改革失败居多，服用汉人衣冠，尽忘本国语言，无不一二世而亡。

其时中国成年男子的发式是束发，把头发剃掉又叫“髡”，在中原传统文化中是一种带有侮辱性的刑罚，更何况这又与中国传统文化中“身体发肤受之父母，不可毁伤”的信条背道而驰。入关后的清政府继续执行“剃发易服”政策，但反对呼声非常强烈，大臣们公开提出“请遵中夏礼仪”[①]、老百姓则揭竿而起。面对压力，清政府曾短暂地允许汉族人依旧穿明装。

不满异族统治的汉族人民认为易服、剃发与传统汉族文化相违背，因而强烈抵制，最后发展为“留头不留发，留发不留头”的地步。1644年9月，访华归国的朝鲜使臣向国王谈及所见中国情形时说：“及有剃头之举，民皆愤怒，或见我人泣而言曰：‘我以何罪独为此剃头乎？！’如此等事，虽似决断，非收拾人心之道也。”[②] 次年江阴的降而复叛，也完全是因为强迫剃头。顺治二年(1645)，多铎占领南京后，还一度发布告示称：“剃头一事，本朝相沿成俗。今大兵所到，剃武不剃文，剃兵不剃民，尔等毋得不遵法度，自行剃之。前有无耻官先剃求见，本国已经唾骂。特示。”[③] 同年颁布了剃发令，规定“京城内外限旬月，直隶各省地方，至部文到日亦限旬月，改令剃发。遵依者，为我国之民；迟疑者同逆命之寇，必置重罪。”[④] 满人还有大丧剪辫之习俗，与汉族迥异，“满制：凡有君后父母、主父母之丧，皆剪辫发寸许，其意或以为殉也。清末则国丧唯内府旗人用剪发制。孝钦、德宗两丧并出，内府人民发皆再剪云。”[⑤]

在此时期，也有剃发易服的积极分子，如礼部左侍郎兼翰林院侍读学士孙之獬不但本人主动剃发，而且要全家“皆效满装”[⑥]。汉族官员对他嗤之以鼻，他索性上疏鼓动推行剃发易服政策：“陛下平定中国，万事鼎新，而衣冠束发之制独存汉旧，此乃陛下从中国，非中国从陛下也。”[⑦] 终于，在占领南京后不久，剃发易服的政策恢复执行：“向来剃发之制，不即令画一，

①《孙承泽等六科公本揭帖》。
②《朝鲜李朝实录》。
③计六奇：《明季南略》。
④蒋良骐：《东华录》卷五。
⑤[清]夏仁虎：《旧京琐记》，北京古籍出版社，1986年，第71页。
⑥《清世祖实录》。
⑦《砚堂见闻杂录》。

姑令自便者，欲俟天下大定始行此制耳。今中外一家……若不画一，终属二心……自今布告之后……限旬日，尽令剃发……不随本朝制度者，杀无赦。其衣帽装束，许从容更易，悉从本朝制度，不得违异。”[①] 紧接着，清政府又发布命令，要求“衣冠皆宜遵本朝之制”。

江阴的降而复叛正是当时满汉服饰之争的一个缩影。江阴本已归顺，新任知县方亨，穿着“纱帽蓝袍”到任。后来剃发令起，大家指责道：“汝是明朝进士，头戴纱帽、身穿圆领，来做清朝知县，羞也不羞、丑也不丑？！”又书复清军，“江阴礼乐之邦，忠义素著；止以变革大故，随时从俗。方谓虽经易代，尚不改衣冠文物之旧。岂意剃发一令，大拂人心。是以乡城老幼，誓死不从，坚持不二。”[②] 全城举兵抗清，坚守八十一天。

在这场关于服制的争斗中，士人群体也起到了重要的作用，山西保德人陈奇瑜，“张黄盖，衣蟒玉，头顶进贤冠，发鬖鬖满顶，扬扬乘轿，竟诣州馆，与州守贺熊飞相谒”，被杀害[③]。安徽建德人胡士昌，“网巾大袖，口称大事已就，劝知县速为迎顺”金声桓，后又被查出家藏“前朝□帽、朝冠各壹顶、纱带壹围、

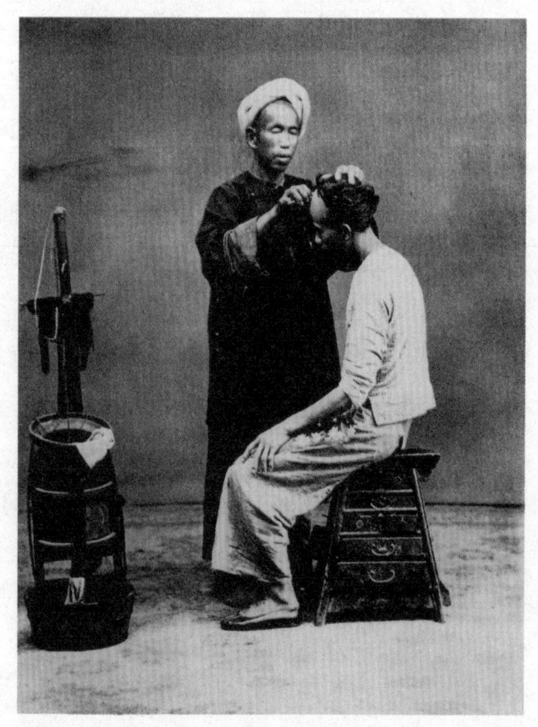

图5-2-1　清末剃发情景

①《清世祖实录》。

②《江阴城守记》。

③《砚堂见闻杂录》。

圆领柒件”，被“枭示正法”[①]。而因此穿僧服、深衣竟一时间成为遗民们的时尚。降清后不得志的钱谦益，身穿自己设计的无领大襟宽袖袍，领制从清，袖制从明，被人讥为“两朝领袖”。其他如“画网巾先生”等，更有念旧的妙招。[②]陈名夏也因为一句“留了头发，复了衣冠，天下就太平了”葬送性命。

顺治二年礼部定《帽顶帹带式样》规定了对普通老百姓变服的要求，规定“凡民间无职者，止许用青蓝布衣，有喜庆事许□□绢衣；并不许擅用各色纻丝纱罗紬帛；靴筒舆鞋只许用纯黑布，不许用红黄及杂色紬缎并不许用云头。犯者以违制论，裹衣从便不在禁例。”[③]“间有乡愚不知法律，偶入城市，仍服其衣，蹩躠行道中，无不褫衣陵逼。赤身露归，即为厚幸。”[④]其严酷由此可见一斑。

二、“十从十不从”与满族服饰制度的建立

清代服饰满汉服饰之争直到“十从十不从”（即“男从女不从”、“生从死不从”、“阳从阴不从”、“官从隶不从”、“老从少不从”、“儒从而释道不从”、“娼从而优伶不从”、“仕宦从婚姻不从”、“国号从官号不从”、“役税从文字语言不从”）的提出才告一段落，“‘十从十不从’缓和了当时紧张局势，亦对中国服饰的流变有着极大的影响”[⑤]。“‘十从十不从’内容中多条涉及服饰，而且由于在清代初年约定，因此对清三百年的服饰发展非常重要”[⑥]，基本确立的满汉并行的服饰形式。

清代统治者在反对和制止前朝服饰制度的同时，也非常重视自身服装制度的建设。顺治二年（1645）闰六月，皇帝即要求礼部将“公侯文武各官应用帽顶……次第酌议，绘图来看。”礼部拟出了《帽顶帹带式稿》。[⑦]顺治九年（1652），颁布《服色肩舆永例》。之后又经过康熙、雍正、乾隆各朝的不断补充，清代服装制度逐步走向完善。特别是高宗，对服制非常重视，《清史稿》称他是“法式加详”。高宗一方面将传统汉族礼制中的一些元素运用到清代服制之中。自建国以来，就不断有人呼吁制衮冕之制，“尊元首、辨等威，以合天意、以顺人心”[⑧]，他虽没有采纳恢复衮冕的意见，但却吸纳了其中的十二章制度，并对各章的式样和位置都作了明确规定。另一方面，高宗使用了异常严

①《江南总督马国柱题本》。
② 戴名世：《画网巾先生传》。
③《礼部题稿》。
④《砚堂见闻杂录》。
⑤袁仄：《中国服装史》，中国纺织出版社，2005年，第120页。
⑥华梅：《中国服装史》，中国纺织出版社，2007年，第100页。
⑦《礼部题稿》。
⑧《兵科左给事中陈调元题本》。

图5-2-2 《点石斋画报》中的新人礼服

厉的手段来维护满族着装的传统。江西抚州金溪县生员刘震宇著《佐理万世治平新策》中主张“更易衣服制度”。高宗直斥他大逆不道：“刘震宇自其祖父以来，受本朝教养恩泽已百余年，且身到黉序，尤非无知愚民，乃敢逞其狂诞，妄訾国家定制，居心实为悖逆……将其处斩，书版销毁。”[①] 其后果不可为不惨烈。高宗还提出：“辽、金、元衣冠，初未尝不循其国俗，后乃改用汉、唐仪式。其因革次第，原非出于一时。即如金代朝祭之服，其先虽加文饰，未至尽弃其旧。至章宗乃概为更制。是应详考，以徽蔑弃旧典之由。衣冠为一代昭度，夏收殷冔，不相沿袭。凡一朝所用，原各自有法程，所谓礼不忘其本也。自北魏始有易服之说，至辽、金、元诸君浮慕好名，一再世辄改衣冠，尽去其纯朴素风。传之未久，国势浸弱。况揆其议改者，不过云衮冕备章，文物足观耳。殊不知润色章身，即取其文，亦何必仅沿其式？如本朝所定朝祀之服，山龙藻火，粲然具列，皆义本礼经，而又何通天绛纱之足云耶？”[②]

①《清高宗实录》。

②《清史稿·舆服志》。

但具有讽刺意味的是，与朝堂上对汉族服饰的严酷态度极为不同的是，高宗私下对汉族服装的倾慕，时不时就要命画师画上一幅他身着褒衣博带服饰的行乐图，但为了不至于上行下效，他又宣称这不过是“丹青游戏”，不能作真。

小结

清代服饰的一大特点是满汉服饰风格的并存，而清代民族服饰融合的线索不仅仅是风格的相互影响和款式的杂糅，而是满族服饰与汉族服饰成为两条并行不悖的平行线，其最终的确立应以“十从十不从”的提出和实施为划分。促成这两个民族之间服饰的相互影响有两方面因素，一是政治统治的需要，即清代统治者以强制的手段推行满族的服饰制度及款式；二是百姓生活的需要，即民族交流带来的民族服饰间的融合。

作为少数民族统治时期的清代，服饰所特有的物质文化与精神文化的双重属性决定了它在这一时期成为政治统治的一项工具，因此对民族之间的服饰融合有了很多的限制，对比同样为少数民族统治的元代，二者的不同之处在于，清代的服饰之争更为惨烈，如前所述，满汉服饰之争与满族服饰制度的确立是伴随着血雨腥风的镇压、死亡、泪水与反抗的。

清初的满汉服装款式之争，已经超出了服装本身的意义，成为一种强烈的政治符号。清代统治者为何如此重视保持本民族的服饰制度？我们可以从清太宗和清高宗那里找到答案。皇太极在1637年谕诸王、贝勒时说：“服制者，立国之经。”可谓点题之要目，将服制的确立提高到一个相当的高度之上。因此，易服已不仅仅是易服本身，它还是关系到江山社稷稳定与否的重要条件。其次，我们还可以从清高宗在1759年为《皇朝礼器图式》所作之序言词句中找到答案：“至于衣冠乃一代昭度……朕则依我朝之旧而不敢改焉……且北魏、辽、金以及有元，凡改汉衣冠者无不一再世而亡。”1772年高宗就服制问题再次有如下的结论：“自北魏始有易服之说，至辽金元诸君，浮慕好名，一再世辄改衣冠，尽失其淳朴素风，传之未久，国势寖弱，洊及沦胥。盖变本忘先，而隐患中之。覆辙具在，甚可畏也。”把服制的改易上升到与一个王朝的倾覆相关，从而把保持满族的衣冠制度作为维系政治统治必不可少的最重要环节，这也许就可以解释清代满汉服饰之争的根源所在。

清代统治者虽建立了满族服饰制度，但满族服饰与汉族服饰的相互融合还是无法避免，在一些史料上可以看出，如雍正五年上谕八旗官员兵丁等：“满洲风俗原以淳朴俭约为尚，今渐染汉人习俗，互相仿效，以致诸凡用度咎涉奢靡，不知撙节之道。因酌定品次，以禁服色，勒限一年，令其各按品次着用，谕旨甚明，此特轸念八旗满洲官兵如同保赤，关系尤切，故曲为筹划……”①

①赵之恒：《大清十朝圣训》，北京燕山出版社，1998年，第1045页。

第六章　民国时期民族服饰融合研究

第一节 民国时期服饰概况

民国时期是中国历史上一个非常特殊的年代，具有鲜明的时代特色，此时的服装，受汉族服饰、满族服饰以及西洋服饰之间的融合与交互影响，共同构成了此时的服饰风格。有研究者这样评价晚清时期渐露端倪的中西服饰风格的合璧："……得西风东渐之先的海派服饰引导和推动中国近现代服饰时尚逐渐偏离了中国五千年的传统轨迹并与西方服饰体系交融并轨。"[①]而其后继的民国时期，这种中西民族风格交融的时代特色更加突出了。20世纪早期的中国，西方的科学文化思想通过具有改革意识的知识分子推广传播，虽是"润物细无声"，但也丝丝点点渗透到了人们的意识中。服饰作为人类物质文明与精神文明双重作用的产物，恰恰最能体现西方的思想意识对国人的影响。因此在这个时期，除了中国国内民族之间的服饰融合外（如汉族与满族服饰），中国与西方服饰之间的融合（包括款式和结构）形成了前面五次服饰变迁与融合所没有的特点。[②]首先来看看男装的款式：

一、男装款式

民国初年，民国政府颁发了《剪辫通令》，结束了清代辫发的习俗，而衣冠服饰形制也随之发生了巨大变化，并于1912年颁布了《服制》[③]、《礼制》[④]，不过实行的情况似乎并不乐观，一方面可能是历史演进到民国，这个时期与之前相比，人们思想更为自由，硬性地规定人们穿什么、如何穿开始不合时宜；另一方

①卞向阳：《论晚清上海服饰时尚》，载《东华大学学报》（自然科学版），2001年第5期。

②《北洋军阀统治时期中国社会之变迁》一书中总结出北洋军阀时期服饰变迁的特点，从一个侧面反映了民国时期服饰的变化："第一，由于服饰等级制的破除，使服饰上便显出多样性和多变性…… 第二，在崇洋风气影响下，西装广为流行。价廉物美的新式机器纺织衣料愈来愈成为中国人生活之必需品……第三，某些旧的不文明饰习逐渐被淘汰……第四，统治者也顺应人们服饰心理的变迁趋势，自觉地调整服饰制度。"——张静如、刘志强：《北洋军阀统治时期中国社会之变迁》，中国人民大学出版社，1992年，第291-299页。

③1912年10月3日，临时大总统袁世凯向全国公布参议院决议通过的《民国服制》。

④1912年8月17日，正式公布了民国《礼制》，共二章七条。

面，此时的“西风东渐”使得穿衣变为一件复杂的事情了：“衣裳穿得合适，煞费周章，所以内政部礼俗司虽然绘定了各种服装的式样，也并不曾推行，幸而没有推行！自从我们剪了小辫儿以来，衣裳就没有了体制，绝对自由，中西合璧的服装也不算违警，这时候若再推行‘国装’，只是于错杂纷歧之中更加重些纷扰罢了。”[①]

6-1-1 穿长袍马褂的男子形象

民国时期的男装款式从中西融合的层面上来划分，大致可以分为三大类：纯中式服装、纯西式服装和中西结合式服装。根据具体款式和穿着者的不同，可以分为六个小类：

（一）长袍马褂

长袍马褂是民国男子主要的中式传统服饰，来源于清代满族的男子服饰。此种装束的款式搭配如下：里面穿长袍（长度一般在脚面之上），长袍为直筒形，两侧开衩，有单、夹、棉等不同材质，下着中式长裤。在长袍之外套一件马褂或马甲，[②]二者皆短，长度在腰节以上，马褂有袖，马甲无袖。头戴六棱瓜皮小帽，脚着中式布鞋，根据季节有单、棉之分。

（二）衫袄与绔裆裤

衫袄与绔裆裤的组合为汉族男子典型的装束，也是纯中式的传统服装，其服装形制为上衣下裤，是劳动阶层人民的典型装束。上穿短衫或袄，下着绔腰的中式长裤，衫袄与绔裆裤随季节有单、夹、棉之分，很多老年男子在穿着时经常用绑腿将裤脚缚住。这种装束的特点是利于劳作。

（三）长袍西裤

长袍西裤是一种中西结合的服装组合，其款式为传统的长袍与西式长裤的搭配，与此相配的是西式的帽子、皮鞋与文明棍。[③]这种纯西式的装束在晚清时候就已经出现了：1900年，“沪上私设各学堂诸生之浮躁飞扬者，亦往往去辫改装，以示矫同之异，甚至有身着华衣而头戴西帽者，足穿西履蹀躞于洋场十里中。”[④]穿这种衣服的初为教师、学生等知识分子以及工商界人士，但到后来这种外来的装束就非常普遍了，“可是西装的势力毕竟太大了，到如今理发匠都是穿西装的居多。”[⑤]

（四）中山装

如果说长袍西裤只是在搭配上的中西合璧的话，那么中山

①梁实秋：《雅舍小品》，江苏文艺出版社，2010年，第30页。

②清代的马褂有对襟、一字襟、大襟、琵琶襟等多种门襟结构，据笔者研究所流传的民国时期的照片所见，此时期男子的马褂似多为对襟和大襟。

③帽子、文明棍非必备品，但一般会配皮鞋，据史实照片看，帽子有帽筒很高而帽檐较宽的礼帽和更为轻便的鸭舌帽。

④转引自卞向阳：《论晚清上海服饰时尚》，载《东华大学学报》（自然科学版）2001年第5期。

⑤梁实秋：《雅舍小品》，江苏文艺出版社，2010年，第30页。

图6-1-2 民国杂志中穿中山装的男子（1938年）

装就是从款式到结构真正意义上的设计，是民国时期中西服装结合的典范。据传中山装是在孙中山先生亲自主持下设计而成的，这种款式既参照了中国传统服饰特点，又吸收了南洋华侨的“企领文装”以及西方的服装样式，在设计上本着“适于卫生，便于动作，易于经济，壮于观瞻”的原则，因此得名“中山装”。中山装是一款对襟长袖上衣，领子为立翻领，前门襟扣子初为九粒后改为七粒，最后定为五粒，四个翻盖贴袋，袖口有三粒扣，后片不破缝。中山装使穿着者看起来挺拔修长，并有一种儒雅之感，但它的重要意义不仅于此，中山装还是一个具有政治色彩的款式，其部件与结构都有着它特殊的含义：四个口袋表示国之四维，即礼、义、廉、耻；五粒扣子代表区别于西方三权分立的五权分立，即行政、立法、司法、考试、监察的分立；袖口的三粒扣表示三民主义，即民族、民权、民生。后背不破缝表示国家和平统一的大义。

（五）学生装

学生装为青年学生和进步青年的装束，为立领上衣和西裤的组合，上衣五粒扣，左前胸有一口袋，可插钢笔等物，此装似受清末以来留日学生制服的影响。而学生有自己专门的服饰在清末就有此例，奏定学堂在其章程中明文规定：“学生衣冠靴带被褥，俱宜由学堂制备发给，以归画一而昭整肃……即或游行各处，令人一望而知，自可束身规矩，令人敬重…… 尤须严禁奇邪服饰，并宜严禁学外之人仿造冒混。”①

（六）西服套装

如果说长袍马褂、衫袄与绕裆裤的组合是纯中式样式，长袍与西裤是中西结合样式的话，那么西服套装就是一种纯西式的服装组合了，由纯西洋式裁剪缝制手法做成，是完全的“舶来品”。随着民国时期中外交流的加强，在西方服装史上演变了数个世纪的西服上衣、衬衫、长裤成为洋行职员、留学生和一些追求时尚的摩登男士穿着的服装。穿着者里面穿衬衫，衬衫外罩马甲，最外面穿西服上衣，下配西裤，脚着皮鞋，有的人还搭配西式礼帽与文明棍。

（七）各种制服

民国之初，民国政府仿照西方服装模式，颁发了一系列的服制条例：民国元年十月公布了陆军服饰；民国二年一月公布了推事、检察官、律师服制；民国二年三月，公布了地方行政官公服、外交官、领事官服饰制度；民国四年公布了监狱官以及矿警、航空服制；民国七年公布了警察服制、海军服制。这些仿效西式服装并作了一些中国式改良的服装是民国时期服装的一大特色，因其种类繁多，在此不一一列举了。这些制服多参照西方相

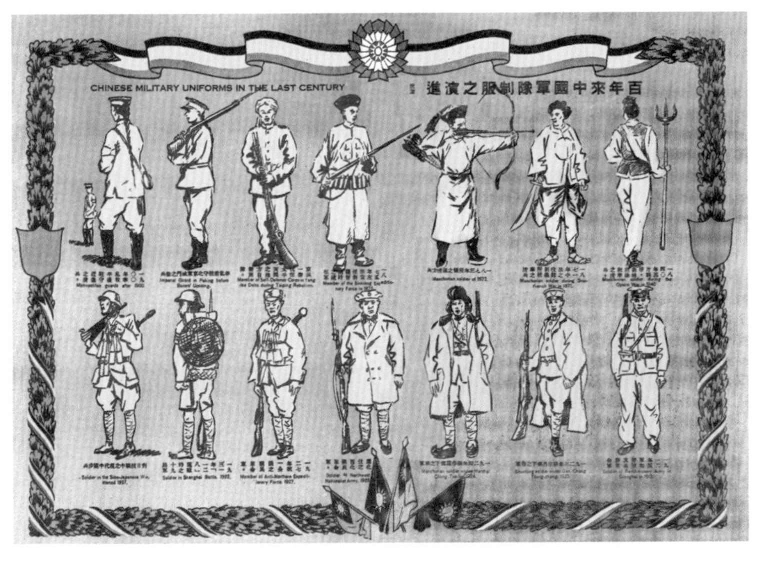

图6-1-3 民国杂志中“百年来中国军队制服之演进”漫画

①梁实秋：《雅舍小品》，江苏文艺出版社，2010年，第31页。

关制服的款式，经过一些设计和改良制作而成。

特别需要提出的两类服装：一是长袍与西裤的组合，这是将中国服装款式与西方服装款式进行组合的搭配；二是中山装，这是中国民族款式与西方款式及结构相融合的产物，是民国男装里中西合璧的典范。经过改良的中山装，有着简洁明朗的外观、符合人体功能的结构、寓意深远的文化内涵，是服饰融合的成功范例。

二、女装款式

与男装相比，民国时期的女子服饰更加丰富和绚烂："还有一点可以指出，男子的衣服，经若干年的演化，已达到一个固定的阶段，式样色彩大概是千篇一律的了，某一种人一定穿某一种衣服，身体丑也好，美也好，总是要罩上那么一套。女子的衣裳则颇多个人的差异，仍保留大量的装饰的动机，其间大有自由创造的余地。"①

说到民国女装款式，不能不提三类民国女装流行的引领力量，她们就是以高级妓女为主的青楼女子、电影明星和以名媛淑女与女学生为主的受教育女性。除了以上女装流行的引领者外，还有作为追随者的中产阶级女性和普通的劳动妇女。脂粉风尘的青楼女子着装、风华绝代的电影明星着装、绮丽婉约的名媛淑女的着装、洗尽铅华的女学生着装、富丽端庄的中产阶级女性着装、简素质朴的下层劳动妇女的着装共同构成了民国时期的女装面貌，下面就分而述之。

（一）青楼女子着装

清末民初，受封建思想束缚，处于从属地位的妇女在穿衣上禁忌颇多，唯有一类女性拥有相对大的自由度，那就是青楼女子（特别需要指出的是，青楼女子也分为很多等级，②只有高级妓女才有时间、精力和财力去巧心装扮自己，因此能够引领时尚的主要为高级妓女）。青楼女子是这个时期一个独特的团体，由于数量达到一定规模，因此其穿着风格也形成一股势力。③其实，青楼女子引领流行时尚在清代已见端倪，《清稗类钞》中曾有这样的记叙："故女子服饰，初由北里而传至良家，后则由

①［清］徐珂：《清稗类钞》，中华书局，1984年，第6149页。

②当时上海妓女的分类比较严格，其中等级最高的称为"书寓"，差一等为"长三"，中间的为"幺二"，下等的有"野鸡"和"台基"，能有精力、物力与财力装扮自己，并推陈出新的只有最上等的"书寓"的妓女。

③20世纪30年代仅上海的妓女总数就达到10万余人。

良家而传至北里，此其变迁之迹，极端相反者也。”[①]而到了民国时期，青楼女子在时尚流行中所发挥的作用更加突出了。她们的谋生方式决定了她们必须比寻常女子更注重自己的穿着打扮。《上海妓女——19-20世纪中国的卖淫与性》一书中提到“维护外貌和对外貌的幻想”一节中，曾对20世纪高级妓女在时尚流行中发挥的作用有着如下的叙述：“只有到20世纪，高级妓女才开始穿一些借鉴西方款式制作的服装，例如那种旁边开衩的无定型的长裙……到20世纪20年代初，出现了一股男装热，那种在连衣裙外面穿上一件短上衣的打扮变得格外流行。可以说，服装的款式是年年在变，即使有时只不过是一些细节上的变化。在这个过程中，高级妓女对服装变化的影响是巨大的。她们不断改革服装，并给出女装的流行信息。她们始终走在时装的最前沿。”[②]在这一节中还提到了她们一种新式的裤子：“她们会用一些令人惊讶的方式来表现自己对新鲜事物的感受。1911年革命开始以后，她们曾一度流行穿着国旗颜色的裤子（红、黄、蓝、白、黑五条水平状的色带），以此作为获得自由的象征。”其对于服饰的创造性,由此可见一斑。

如上所述，从清朝末年到民国初年，高级妓女成为时尚舞台的引导力量，“男则宽衣大袖学优伶，女则倩服效妓家”是当时一种非常普遍的现象。而普通的民间良家妇女，在鄙夷之余也对她们产生了强烈的好奇心，进而纷纷仿效她们的穿着打扮。青楼女子在着装方面的想法层出不穷，不仅款式新颖还品类繁多：有普通的袄裙、改良旗袍、男装[③]、学生装[④]、日本装、粤装、西装甚至道姑装，等等。其实早在晚清的19世纪80年代，走在潮流最前端的青楼女子就会穿着时称为“泰西装”的西式服装和“东洋装”的日本式服装， 东方与西方、满族与汉族，不同的服饰共同组成她们独特的穿衣之道。新奇装束时出时新，而普通的民间女子也因猎奇和爱美等心理因素纷纷模仿，从而形成一股流行时尚。20世纪20年代甚至出现妓家一经推出新装（妆），不出一周全市女性竞相效仿的奇观。针对女装这股风尘化的倾向，当局也作出了反应，[⑤]但屡禁不止，因此青楼女子尤其是高级妓女的着装是构成民国女子服装风格的一个组成部分,其穿衣风格杂糅了中、外，不同民族以及普通人服饰与宗教服饰等不同的类别。

①［清］徐珂：《清稗类钞》，中华书局，1984年，第6149页。

②［法］安克强（Christian Henriot）著，袁燮铭、夏俊霞译：《上海妓女——19—20世纪中国的卖淫与性》，上海古籍出版社， 2004年，第54页。

③妓女着男装是民国时期一个普遍的现象，“当时大名妓富春楼，即其最爱之人也，与她摄影多帧。内有一帧，她穿了寒公衣帽，男装造像，寒公恭楷题了‘浊世翩翩’四字……”——陈巨来著：《安持人物琐忆》，上海书画出版社，2011年，第97页。

④着女学生装是此时期服饰的一大特点，一些妓女特意脱去簪环首饰而穿着俭朴的学生装，以此来显示自己的与众不同。——作者

⑤上海《时报》1918年5月14日刊登了上海市议员汪确生致江苏省公署的一封信——“妇女现流行一种淫妖之时下衣服，实为不成体统，不堪寓目者。女衫手臂露出一尺左右，女裤则吊高一尺有余，乃至暑天，内则穿一粉红洋纱背心，而外罩一有眼纱之纱衫，几至肌肉尽露。此等妖服，始行于妓女，妓女以色事人，本不足责，乃上海之各大家闺秀，均效学妓女之时下流行恶习。妖服治容诲淫，女教沦亡，至斯已极。”

图6-1-4 穿着西式连身短裙裤的电影明星陈云裳（1939年）

（二）电影明星着装

1905年，中国第一部电影诞生，自此以后，这个被称为“影戏匣子”的艺术形式风靡神州，随着这种崭新的媒体传播方式在中国的流行，女影星成为一类特殊的、具有引领作用的人群：流转的眼波、迷人的笑靥、时新的发型、时髦的服饰、具有中西合璧风格的做派……一切是那么的引人入胜。作为一个特殊的群体，她们活跃在银幕内外：在银屏上，她们绽放迷人的光彩；银幕下，她们的举止言谈、穿着装扮无一不为当时女性所争相仿效，上海的《良友》、《玲珑》等刊物经常会刊登这些女明星的玉照。这些摩登的女性，能够穿着稍作改良的、裸露部分肌肤的西式连衣裙，甚至有把当时裸露颈部、臂部和上半个胸部的性感西式礼服直接“拿来”的大胆举措。①除了西式礼服与泳装外，中式的改良旗袍也是女明星们常穿的款式，与普通女子相比，明星们的旗袍做工更加精美、用色更为大胆、更注重装饰细节，更有将西方服装元素与中式旗袍款式进行“嫁接”的款式，自有一番动人的韵味。

①在晚清的1900年代，完全洋式的服装可谓真正的时装，被称为“番装”，普通的妇女多是在照相馆留影时穿着这种时装扮演一回“番妹”的，而在平时她们极少穿着这样的时装。而民国时期这些完全西式的服装则是电影明星们的展示美丽的道具，穿着的场合也较前者为多。

（三）名媛淑女着装

著名作家张爱玲的《更衣记》中有这样一段话：“在政治混乱期间，人们没有能力改良他们的生活情形。他们只能够创造他们贴身的环境——那就是衣服。我们各人住在各人的衣服里。”[①]而民国时期，包括张爱玲在内的名媛淑女们的确是“住”在自己的衣服里：1928年，一代才女林徽因在自己的婚礼上穿着一款自己设计的、中西合璧风格的礼服，充满中国传统元素与特点。从我们能够看到的林徽因的传世照片中，可以看出她在学生时期穿的较多的为短袄套裙，成年后多为改良旗袍，还有西式的呢子大衣、皮草大衣以及绒线背心都是她日常的服饰，这些也是民国时期名媛淑女的典型装束。1927年，宋美龄在婚礼上所穿的那袭礼服，衣服是白色的改良旗袍，头纱是具有繁复蕾丝花纹的西式头纱，是典型的中西合璧的款式。

女作家张爱玲的穿着像她的文字一样惊人。她不合乎常规的、独特的审美使她在着装上具有一种超凡的见解以及大胆的实行力。她对服装的描写用词准确生动，透露出诗意与不凡的艺术眼光，如“黄的宽袍大袖，嘈切的云朵盘头；黑色绸底上装嵌着桃红的边，青灰长裙，淡黄玳瑁眼镜；如意镶边的宝蓝配着苹果

图6-1-5 1929年的女子婚纱受到林徽因、宋美龄婚纱的影响（右上、右下）

①张爱玲：《张爱玲作品集》，北岳文艺出版社，2001年，第479页。

绿色的绣花袄裤。”除了身穿自己设计的颜色艳美、款式各异的服装外，她还亲自为自己的小说画插图，画中女子神态微妙、着装各异，逼肖小说中的人物形象。通过张爱玲对服装描写的相关文字，我们也可以得知她是善于将汉族与满族的女装款式相结合来穿着的。

在一定层面上来讲，改良旗袍尤其是那些制作精良、款式美观的改良旗袍可以说是民国时期名媛淑女的一种“制服”，也是她们最惯常穿着的服装款式。

（四）女学生着装

女学生的着装也是这个时期一个重要的群体：“（清朝光绪末年）女学堂大兴，而女学生无不淡妆雅浮，洗尽铅华，无复当年涂粉抹脂之恶态，北里也效之。”[①] 如前文所述，到了民国时期，就连青楼女子都以穿女学生装为荣。其背后的深层原因可

图6-1-6 穿着改良小袄的张爱玲

①《清稗类钞·服饰类》。

能就在于“女学生”的身份——毕竟在男女不平等的那个年代，能够接受教育的女性还属少数。在作家沈从文先生写于20世纪20年代末的小说《萧萧》中，就多次出现了作为与女主人公“童养媳”萧萧相对应的一个群体——“女学生”，萧萧对虚写的“女学生”有着一种发自天然的向往与羡慕：“女学生由祖父方面所知道的是这样一种人：她们穿衣服不管天气冷热，吃东西不问饥饱，晚上交到子时才睡觉，白天正经事全不作，只知唱歌打球，读洋书。”这也代表了当时大部分女性对这个群体的看法——对她们能够冲破封建礼教束缚走出闺房融入社会的钦慕。的确，与没有机会读书的女性相比，女学生们更有眼界和主见，并且能够迅速地吸收外来思想与流行信息，这其中尤以教会学校的女学生为甚：她们英文流利，能直接看懂好莱坞影片并能接受和直接消化其中的风尚，还有外籍教师为其讲授西方的风俗礼仪、穿着打扮。这些特殊的教育环境为她们成为时尚的先锋创造了优渥的条件。

20世纪20年代女装领域流行穿着“文明新装”，女学生是这种装束的创造者。它属于袄裙装的范畴，袄裙装是来自于中国传统服饰的一种款式，沿袭上衣下裙的基本形制，为短袄和裙子的搭配形式。短袄为右衽，长度一般在腰部或腰部以下的位置，有蓝、白等色，下摆有方摆与圆摆两种，袖长过肘，多为上窄下阔的袖形；衣身下摆成弧形。下配的套裙多为黑色或深蓝色，有打褶和不打褶两种，但都不施以文绣，脚着白袜和黑色偏带布鞋。此外，不戴簪环首饰也是这种装束的特点之一，这种素净简约的装束被称为“文明新装”。这种简朴的着装风格首先由京、沪等大中院校的女学生倡导，并逐渐普及到一般的女性。但女学生对时髦的追求之路也并不平坦，①这也可以说是服饰变迁与发展的必然。

（五）中产阶级女性着装

中产阶级女性服装是民国时期女装的一个重要组成部分，她们的服装代表了中产阶级家庭的穿着水平。中产阶级女性的服饰风格基调是中西结合式的，主体服装以改良旗袍为多。这时的旗袍是经过量体裁衣而成，相当于我们今天一对一的“定制”的概念。这些旗袍在款式、结构和选料上都比较讲究，面料与花色均

①1913年前后，一些女学生夸张的着装风格使得教育当局认为有伤风化，特规定“在校生一律用布服，不得侈用绸缎，发髻求整洁不得为各种矜奇炫异之样式。”粤教育局甚至规定“……此后除中学以上女生必须着裙外，其小学女生凡14岁以上已届中学生年龄者亦一律着裙，裙用黑色，丝织布制均无不可，总须贫富能办，全堂一致以肃容止。”

图6-1-7　1926年参加纪念活动的民国女学生

按照时下最为流行的样式，并根据穿着者自身的需要做一些细节的修改与调整。从一些传世实物照片中，我们可以看到装饰有大量进口蕾丝的美丽的改良旗袍，有些图案即使今天看来都非常时髦、毫不过时。与外穿的旗袍款式长短、颜色深浅相配，她们有各色的旗袍式衬裙，一些还是领口为吊带的露肩款式。

中产阶级女性在经济上较为宽裕，因此也是追逐流行时尚的一个主要群体，钱钟书的小说《围城》中有这样一个情节，孙柔嘉在三闾大学待了短短的一个学期，回到上海后就发现——“那件旗袍太老式了，我到旅馆来的时候，一路上看见街上女人的旗袍，袖口跟下襟又短了许多。”[①]因此非常着急地要做新袍子。由此可见当时改良旗袍流行与更新的速度。与改良旗袍相搭配的是一些西式的服装和饰品，如毛线外衣、手套（有齐腕、过肘等款式）、各种风格的帽子、阳伞、胸花、手袋、腕表，等等。《围城》中也描写了与旗袍相搭配的草帽和阳伞：“旗袍搀合西式，紧俏伶俐，袍上的花纹是淡红浅绿横条子间着白条子，花得像欧洲大陆上小国的国旗。手边茶几上搁一顶阔边大草帽，当然是她的，衬得柔嘉手里的小阳伞落伍了一个时代。”其描写形象地道出了当时中产阶级妇女服饰搭配的更替与变化。

如果说短袄套裙是中国式的服装、改良旗袍是中西合璧的服装，那么西式服装就是纯粹的西式衣服了。西式服装包括连衣

①钱钟书：《围城》，人民文学出版社，1980年，第289页。

裙、礼服裙、西式外套、西式大衣等。其中，西式外套既有毛呢料子的长短上衣，也有每家的主妇编织的针织“绒线衣”，而西式大衣除了一般的面料外，还有裘皮质地的款式，颜色繁多、领型各异。西式服装因其的“时尚”与“摩登”，而成为民国时期中上阶层妇女以及时髦女子的挚爱。与此搭配的是各色皮鞋，手筒，宝石或钻石胸针等饰品等。

除了旗袍和西式衣服以外，针织衣、皮草大衣、连衣裙、呢子大衣、披风等等服装也都是中产阶级太太衣橱中的必备品。

（六）下层劳动妇女的着装

上衣下裤[①]也是这个时期妇女的典型穿着，穿着者多为劳动女性。上衣为大襟，一般较长，短款至腰臀、长款至膝盖的位置。下面的裤子有松紧两式，因为需要劳作，一般来讲劳动阶层妇女的裤子更为紧窄。需要指出的是，上衣下裤并不仅仅局限于下层劳动妇女穿着。[②]

图6-1-8 编织绒线的民国女子（1940年）

①这里所指下裤不是时装裤，而是传统的绕腰裤。

②上衣下裤的材质既有绫罗绸缎，也有普通的粗棉布，富裕阶层用前者，并施以绲边、刺绣、镶嵌等工艺，贫苦阶层用后者，一般没有什么装饰。

第二节 改良旗袍、辫发与剪发

一、改良旗袍——满汉服饰文化与西方服饰技艺相结合的产物

我们现在对旗袍的称谓除了指这种服装外，主要指的是脱胎于清代满族旗女之袍、20世纪二三十年代风行中国、吸收西方裁剪方式进行改良的一种中西合璧的一件式（one piece）女装。“前清亡而旗袍兴，这又是我们这个时代的大变化。旗袍的产生大约在1914年到1915年间，风会中心，就落在上海这个东方城市上。”[①] 而这种女装因其改良的特性和独特的款式，准确的说法应在其前加上限定词——即“改良”二字，以示与传统的满族旗袍进行区别。在改良旗袍的基础之上，今天的设计师又设计出了花样繁多的现代旗袍，使之作为礼服穿着。为了理清旗袍的源流与发展轨迹，让我们先界定一下袍服、满族旗袍、旗女之袍、改良旗袍和现代旗袍之间的关系。

中国传统服装有两种基本形制：一为上衣下裳制；二为深衣制。前者是上衣和下裳分裁分制，是一种二部式的服装形制，如唐代的襦裙服；后者是上下连属的服装形制，如春秋战国时期的深衣和满族的袍服。

袍服这种服装形式早在商代就已经形成并作为一种基本的服装款式一直沿用下来，它属于汉族服装古制，《中华古今注》中称：“袍者，自有虞氏即有之。”它的基本特点是上下连属，连裁连制，大襟，有袖子的构成，但长短肥瘦不一；衣襟有长有短，质料有麻有棉有丝有绸。朝代的更迭使得每个时期的袍服都

①曹聚仁：《上海春秋》，生活·读书·新知三联书店，2007年，第243页。

具有各自的特色，在肥瘦、长短、系结方式、领部袖部等处变化繁多，袍服可作为内衣也可作为外衣，可单可夹可絮里。

“满人原出女真，入关以前称‘大金’或‘后金’，妇女衣着远法辽、金，还受元代蒙族妇女长袍影响，惟以不左衽。”① 满族的旗袍属于袍服的一种，具有袍服的基本特点，但与前朝相比有较大的变化。首先是从外形上看，满族旗袍是直身的造型，在腰部没有腰带系结。明代以前的袍形，多为肥大的松身状态，袍身与人体间的空隙具有较大的空间，而满族的旗袍最初虽较为肥大，但后期袍身与人体之间空间较小。其次，从纹饰上来看，满族旗袍尤其是贵族所穿用的旗袍风格华贵，纹饰繁复。再次，从系结方式来看，因为袍服宽松，前襟需要系合，一直以来以带系结是袍服的特点。明代以前的袍服，大多是以结带来增添长衣的潇洒和风度，而清代的旗袍才是真正结束了带结的传统方式，以纽扣取而代之。

清代初年满族男子旗袍的基本样式为大襟、左衽、侧身开衩，袖口有马蹄状翻折结构，这是为了在寒冷季节或外出打猎时为拉弓的手保暖之用。满族人不分男女老幼皆着旗袍，这种服饰没有年龄的限制，但只有旗女之袍才与后世的改良旗袍存在“血缘关系”——改良旗袍是脱胎于旗女之袍的。满族的旗女之袍呈直筒状，不开衩，长袖，无领，外加小围巾，初期阔大、后期窄小。“旗女平时穿袍、衫，初期宽大后窄如直筒。在袍衫之外加着坎肩，一般与腰齐平，也有长与衫齐的，有时也着马褂，但不用马蹄袖。”② 2008年，故宫博物院展出名为《天朝衣冠》的清代服饰专题展，其中所展示清代后期皇族女旗袍造型非常细瘦，面料及花纹都相当繁复美丽。

改良旗袍是20世纪初流行于我国的一种服装，它来源于满族女子的旗袍，但不是对旗女之袍的照搬。它结合了西方的立体裁剪方式。有关改良旗袍的款式、色彩、花纹和搭配在当时的“月份牌”画和传世照片中有着直观的反映。改良旗袍是满族旗袍和现代裁剪技术结合的典范，它结合满族民族服装款式和现代立体裁剪技术，还体现了西方时尚服饰理念中对人体曲线的强调。

改良旗袍是如何出现并流行的呢？众所周知，中国传统服饰

①沈从文编著：《中国古代服饰研究》，上海书店出版社，2002年，第652页。

②华梅著：《中国服装史》，中国纺织出版社，2008年，第105页。

一直以来都是以宽衣博带的造型为主，民国初期的旗袍也是较为肥大的，“现在要紧的是人，旗袍的作用不外乎烘云托月忠实地将人体轮廓曲线勾出。革命前的装束却反之，人属次要，单只注重诗意的线条，于是女人的体格公式化，不脱衣服不知道她与她有什么不同。”[①] 作为一种将满族的传统旗袍与西方的立体裁剪技术相结合的服装，改良旗袍的现代化开端是由倒大袖旗袍开始的，这种旗袍的袖子和腰身都很肥，还没怎么进行收腰、捏省的处理，没有什么美感。张爱玲曾用诙谐的语气解释了20世纪20年代初，这种毫无曲线可言的大袍子流行的原因：“一截穿衣与两截穿衣是很细微的区别，似乎没有什么不公平之处，可是1920年

图6-2-1　20世纪30年代的泡泡袖旗袍　中国丝绸博物馆藏

①张爱玲：《张爱玲作品集》，北岳文艺出版社，2001年，第480页。

的女人很容易就多了心。她们初受西方文化的熏陶，醉心于男女平权之说，可是四周的实际情形与理想相差太远了，羞愤之下，她们排斥女性化的一切，恨不得将女人的根性斩尽杀绝。因此初兴的旗袍是严冷方正的，具有清教徒的风格。”①

从20世纪20年代中期开始，改良旗袍朝着紧窄合身的方向演进，腰部收紧、增加了胸省和腰省。衣长也有改变，袍身缩短，从至踝骨处到后来的膝盖以下。袖子也是从最初的倒大袖进而改成半袖，并且越来越窄，后来出现没有袖子的款式。1931年，上海兴起“旗袍花边运动”，这是一种对于旗袍装饰风格的改良。具体到款式，则是在旗袍的领口、袖口、下摆、前胸等部位补花、挑花、缀亮片、镶嵌绲边、加蕾丝或棉质的精致花边，总之务求使旗袍花团锦簇，形成一种繁复的服装风格，这些都与最初的旗女之袍有着很大的区别。到了流行的后期，改良旗袍的布越来越少，“现在所谓旗袍，实际上只是大坎肩，因为双臂已齐齐划出。”②人们认为这样才是摩登，此时的旗袍更是脱离了它原型的影子。到了1935年前后，“因交际花陈玉梅、陈绮霞提倡低衩，故旗袍开衩趋小，袍身依旧长度及地，完全盖住脚面，时人揶揄为‘扫地旗袍’。这种长度的旗袍毕竟不实用，所以流行的时间不长，一年后下摆就上移了。”③

现代旗袍多以礼服的形式出现，主要源自改良旗袍，而与袍服、满族旗袍和旗女之袍相去甚远。现代旗袍多以礼服的形式出现，它与改良旗袍的传承关系主要从两个方面来体现：一是意蕴上的相似；二是对后者元素的应用。

改良旗袍是中西文化融合的产物，主要是从两个层面来说：一、它是20世纪初满族旗袍与西方裁剪方式相融合的产物。改良旗袍在结构上最大的特点就是引入了西方立体裁剪方式，如收腰，再如捏胸省、腰省的方式。改良旗袍是将中国满族旗袍的外观形式与西方的立体裁剪相结合的成功典范。二、它是满族旗袍与现代时尚服饰理念融合的产物。在近代，满族旗袍和现代裁剪技术结合产生了中西合璧的典范——改良旗袍，它结合中国满族民族服装款式和西方的现代的立体裁剪技术。曾有学者对旗袍进行了如下评价：“在中西文化交流中，旗袍成为一种中西合璧、具有海派风格的女性服装。”旗袍成为具有代表性的中国妇女在

①张爱玲：《张爱玲作品集》，北岳文艺出版社，2001年，第479页。

②梁实秋：《雅舍小品》，江苏文艺出版社，2010年，第31页。

③袁仄、胡月：《百年衣裳》，生活•读书•新知三联书店，2010年，第162页。

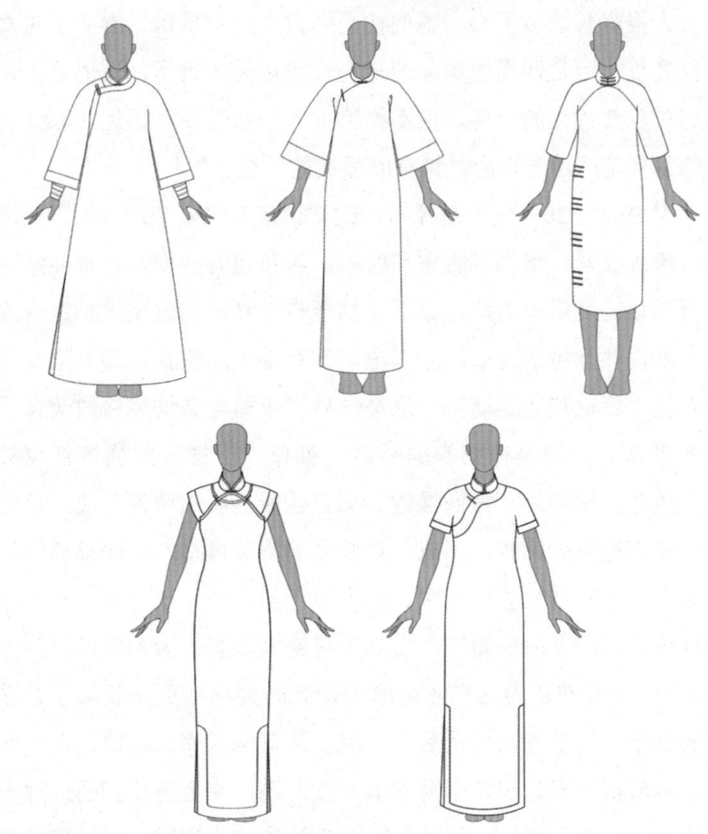

图6-2-2 根据传世照片所绘之旗袍的演变

国际舞台上的服装。相较于西方人，旗袍更能突出东方女性袅娜纤细的温婉形象。在现代，满族旗袍被进一步时尚化设计，产生了诸多款式。

二、辫发与剪发

辫发是清代男子的特征，但在清朝末年有着式微的倾向。康有为在1898年向光绪皇帝提出断发、易服、改元的主张："今则万国交通，一切趋于尚同，而吾以一国衣服独异，则情意不亲，邦交不结矣。且今物质修明，尤尚机器，辫发长重，行动摇舞，误缠机器，可以立死，今为机器之世，多机器则强，少机器则弱，辫发与机器不相容也。且兵争之世，执戈跨马，辫尤不便，其势不能不去之。欧美百数十年前，人皆辫发也，至近数十年，机器日新，兵事日精，乃尽剪之，今既举国皆兵，断发之俗，万国同风矣。且垂辫既易污衣，而蓄发尤增多垢，衣污则观瞻不美，沐难则卫生非宜，梳刮则费时甚多，若在外国，为外人指笑，儿童牵弄，既缘国弱，尤遭戏侮，斥为豚尾，去之无损，留之反劳。”“中国宽衣博带，长裙雅步而施万国竞争之世……诚非所宜。”[①] 而外国人更是将辫发看作是荒谬而滑稽的，英国人令俐（A.F.Lindley）曾经说过这么一段话：“许多年里，全欧洲都认为中国人是世界上最荒谬最奇特的民族：他们的剃发、蓄辫、斜眼睛、奇装异服以及女人的毁形的脚，长期供给了那些制造滑稽的漫画家以题材。”

宣统二年十月初三（1910年11月4日）“剪辫不易服大会”于香港举行，此次大会是为了倡导人们剪去长辫但仍穿中国传统服装，可以说是为日后民国时期的剪辫作了铺垫。

民国时期，男子剪辫成为此时的大潮流大趋势。1912年3月5日《临时政府公报》第29号《大总统令内务部晓示人民一律剪辫文》：“满虏窃国，易吾冠裳，强行辫发之制，悉从腥膻之俗，当其初，高士仁人，或不屈被执，从容就义；或遁入淄流，以终余年，痛矣！先民惨遭荼毒，读史至此，辄用伤怀！嗣是而后，习焉安之，腾笑五洲，恬不为怪。鞀兹缕缕，易萃微菌，足滋疾疠之媒，殊为伤生之具，今者满廷已覆，民国成功，凡我同胞，允宜涤旧染之污，作新国之民，兹查通都大邑，剪辫者多，至偏乡僻壤，留辫者尚复不少，仰内务部通行各省都督，转谕所属地方一体知悉，凡未去辫者，于令到之日，限二十日，一律剪除净尽，有不遵者，以违法论。该地方官毋稍容隐，致干国犯。又查各地人民有已去辫，尚剃其四周者，殊属不合，仰该部一并谕禁，以除虏俗，而壮观瞻，此令。”这个特别成文下发的剪辫令从民族、习俗、卫生等方面来指出留辫子是落后、可笑、不卫生的陋习，以此来劝导甚至是强制执行。为何坚决地剪辫并以政府公报的形式下达呢，张枬的《论辫发原由》可谓道出其中真谛：“盖欲除满清之藩蓠，必去满洲之形状，举此累赘恶浊烦恼之物，一朝而除去之，而后彼之政治乃可得而尽革也。” 而民国时期的民谣有如下的句子：“新礼服兴，翎顶补服灭；剪发兴，辫子灭；爱国帽兴，瓜皮帽灭；天足兴，纤足灭……”也反映出此时服装的兴替、剪辫与天足的盛行。

①康有为：《请断发易服改元折》。

第三节　促成民国时期民族服饰、中西服饰相互融合的因素

在民国这一特殊的历史时期中，服饰文化思想的交融以及服装款式的流行，其背后有着几种不同的推进力量，如时装店、电影、报刊以及民国时期特有的月份牌画。

一、时装店

在这里特别需要指出的是，因为批量化的成衣生产还没有普及，民国时期女子着装多是单量单裁，相当于我们现在“定制”的概念，而汉族、满族以及国外的服装的融合，最早是从服装公司开始的。从地域上看，又以上海的服装公司最为著名，曹聚仁在《上海春秋》中如此描述：“风气一开，规模很大，当年静安寺路、同孚路（今南京西路、石门二路）一带，都有第一流的时装公司，其中以云裳、鸿翔为最著。”[①] 下面就谈一下云裳与鸿翔。

（一）云裳

在张幼仪的口述自传小说《小脚与西服——张幼仪与徐志摩的家变》中有着如下相关的描写：

“跟着老师上完一个小时左右的课以后，我（张幼仪）就到我在南京东路上经营的服装行。这家服装行位于上海最时髦的大街，是八弟和几个朋友（包括徐志摩在内）合作的小事业。八弟开这个店的构想是：集成衣店和服装定做店于一身。我们在店里陈列一些衣服样品，再配合女士们的品味和身材加以修改。服装上面别致的珠饰、扣子，还有缎带，都非常独特出众；顾

①曹聚仁：《上海春秋》，生活•读书•新知三联书店，2007年，第245页。

客可以向别人夸口说‘我这衣裳是在云裳做的。’‘云裳’这店名是八弟取的，意思是‘云的衣裳’，暗指中国8世纪时诗人李白所写的一首词。他在词中这么形容杨贵妃：‘云想衣裳花想容。’”①

20世纪早期，上海的女子时装店主要集中在公共租界的静安寺路从西摩路口（今陕西北路）到同孚路口（今石门二路）这一段路上，而云裳公司就坐落在静安寺路上。1927年，诗人徐志摩前妻张幼仪筹建了这个“空前之美术服装公司”（即“云裳公司”）。与其他服装店相比，“云裳”开业较晚，但却最具时代特色和浪漫精神：它以20世纪20年代最具号召力的词语之一——“美术”作为自己的招牌特色。

“云裳”在经营中主要把握以下三个原则：一是将世界流行的款式与中国的穿着习惯相结合。二是面料主要以国货为主。三是价位适中。第一点涉及设计风格，兼顾了西方流行与中国的习惯；第二点确立了国货面辅料的主体地位；第三点是使其在中产阶级女性中的普及成为可能。

云裳公司还承办社交、喜事、跳舞、家常、旅行、电影等种种新异服装鞋帽及配饰，并打出诱人的广告——“要穿最漂亮的衣服，到云裳去；要配最有意识的衣服，到云裳去；要想最精美的打扮，到云裳去；要个性最分明的式样，到云裳去。” 这广告词可谓深谙女性爱美爱新的心理。名媛的带动作用奇佳，再加上以不定时的新式时装表演进行推广，一时间上海的新女性纷纷以穿“云裳”时装为荣，形成了独特的“云裳”风格。其风格特点一言以蔽之，就是符合时代需求的“中西合璧”式。如以精美的国货面料设计出适合不同季节穿着的棉、毛、单、夹以及丝绸质料的各色大衣与旗袍进行搭配，既典雅又时髦，因此深受彼时女性的喜爱。

（二）鸿翔

鸿翔服装店的历史最早可以追溯到1917年，在这一年上海浦东南汇的金鸿翔、金仪翔兄弟在静安寺路张家花园附近租了三间平房，开办了一个女式西服裁缝店。随着生意的日渐兴隆，平房被翻改成了二层的小楼房，到了1928年把店面扩大成了五开间，并挂出了鸿翔时装公司的牌子。

①张邦梅著，谭家瑜译：《小脚与西服——张幼仪与徐志摩的家变》，黄山书店，2011年，第181-182页。

因为在当时能够秉承较为现代的经营、管理理念，鸿翔公司的生意节节攀升。[①]鸿翔公司十分注重宣传效应，如宣传词如下：“敝公司创始于十八年，五年以前，专制欧美女士服装。近来鉴于国人服装日新月异，因此兼辟时装，经营以来，素抱提倡国货为标志……为国内女界谋美化服装之普遍。”又如他们还邀请“电影皇后”胡蝶穿着公司生产的、用民族传统工艺刺绣有百只彩蝶的礼服，在百乐门舞厅进行表演，顿时声名远播。再如他们在英国女工伊丽莎白二世新婚时赠送了中国所特有的绸缎礼服以示庆贺，随着女王寄来亲笔签名的谢函，鸿翔公司顿时蜚声海内外。

20世纪30年代，鸿翔公司把自身的西服工艺糅合到传统的中式旗袍款式中去，使穿着的女性既富有东方女性的妩媚韵致，又兼具西方女子的凹凸曲线。一时佳评如潮，很受当时的名媛淑女的青睐。1931年，该公司的中式锦绣礼服获得了美国芝加哥国际博览会的银质奖章的殊荣，还获得了好莱坞女性“贴身、工精、好看”的赞誉。

笔者曾于2004年12月5日下午，在北京西直门附近的一个院落里对鸿翔设计裁剪技师朱秉良之子朱天明先生进行过一次访谈。朱秉良是新中国任命的第一代设计师，曾于20世纪60年代结合中西裁剪技术创造了连裁法。[②]据朱天明介绍，鸿翔的衣服以女活为主，有旗袍、连衣裙、长短大衣、裘皮大衣，结婚礼服等等，接受定制，属于高规格的时装店，不接批量的订单，只做单活。鸿翔的师傅技术都非常好，既使用平面的裁剪方式，也使用立体的裁剪方式，他们的技术工人除了中国人还有犹太人，外国人拿来衣服样子或是国外的杂志，鸿翔能照着做到一模一样或者是相差无几。西式的裙子还会使用钢丝、裙撑和蕾丝等辅料。中西合璧是这间民国时期的时装店的一大特色。这一点也体现在店员的穿着上，如鸿翔的店员都穿西装，但朱秉良等技术人员很多是穿着中式的长衫来招呼客人的。

在这些服装店定制衣服，所制服装都价格不菲，因此属于中等以上人士的消费场所，“据鸿翔老板说，一袭黄狼皮大衣，也得银洋一万元，这相当于港币六七万元了。”[③]

①鸿翔采用前店后厂的经营方式，一方面能及时地与顾客交流、了解市场，另一方面也能把订单和顾客的意见及时地反馈给工厂。从面料、设计、制版到店面陈设以及服务，鸿翔无不精益求精：他们的面料种类非常齐全，有进口的、有国产的、有定织定染的，无论那种都必须是优等品。鸿翔要求店员能用英语招待外宾、会开具英文发票，他们包装用的盒子是特别定做的，灰蓝色的盒子上，印有本店的商标。在以上的相关服务方面都能够基本与国际接轨。

②朱天明收藏有朱秉良先生被任命为“北京第一代服装设计师”的证书，以及关于连裁法的报纸，计有：1964年《北京晚报》“六尺半布做一件男人民装”；1962年《北京晚报》、《工人日报》、《大公报》中“二尺布做件短袖衫”；1963年《北京晚报》“五尺布做一套连衣裙”。

③曹聚仁：《上海春秋》，生活•读书•新知三联书店，2007年，第246页。

二、电影

1895年，法国路易•卢米埃尔兄弟发明了无声电影，上海这个国际性的都市接受新事物的速度不可谓不快，翌年就引进了当时被称为“西洋影戏”的电影。洋人发明了能在平面上展现立体的人的电影——这个潘多拉盒子被打开后，国人一面惊诧于其科学的进步，一面兴奋于能如此形象地看到西洋人、西洋景和西洋的服饰。在1927年前后，中国的电影院已达到一百多家，分布在十多个城市，共有近七万个座位。美国第一影片公司代表克拉克曾说过：“（1925年）近两年中，中国人往观美国影片者，其比例已由百之二五至六十。”①上海在20世纪30年代末期，有虹口大戏院、新大光明影院、国泰、奥等、美琪等电影院近四十家。欧美等国家的歌舞片和故事片是这些电影院一直放映的影片类别。玛丽•馥克碧、葛丽泰•嘉宝、费•雯丽、克拉克•盖博等好莱坞明星的穿衣打扮随着他们的银幕形象给国人带来时尚的冲击与影响。电影这一新媒体开始在古老的中国大地上肩负起对时尚风格的传播作用。电影流行之初票价不菲，观者大多都为女学生、年轻主妇和名媛名太，也因之她们成为剧中服饰的拥趸者和西方时装的中介者与推广者，时尚就这样流行开来。

三、杂志刊物

报章等纸质媒体是此重要的时尚传播力量，其品类繁多，各有侧重。20世纪初期的上海，最为著名的英文报刊有《North China Daily News》②和《The Shanghai Times》③等。彼时西洋人最为时新的服装样式和着装方式，乃至配饰化妆都最先在这些杂志上“泊岸”。

本国的出版物和涉及服装流行的著名刊物有《良友》、《玲珑》、《申报图画周刊》④、《上海画报》、《时报》等，这些图文并茂、专供消遣阅读的生活杂志为人们提供了最新的国际国内的流行服装款式和时尚，起到了促进传播的桥梁作用。下面以《良友》和《玲珑》为例进行分析。

①《申报》，1925年2月8日。

②《North China Daily News》1846年由《North China Herald》改版而来，在当时的西文报刊界占有举足轻重的地位。

③《The Shanghai Times》创办于1901年，有“Divertive Topics for Woman Home”和“Modes of the Moment”等服饰专栏，附有详尽的款式图和文字。

④创刊于民国十九年（1930），停刊于民国二十一年（1932），主要是对当时上流社会妇女生活和海外资讯的报道：服饰新装、明星穿着、选美等等不一而足。

图6-3-1《良友》杂志封面之一

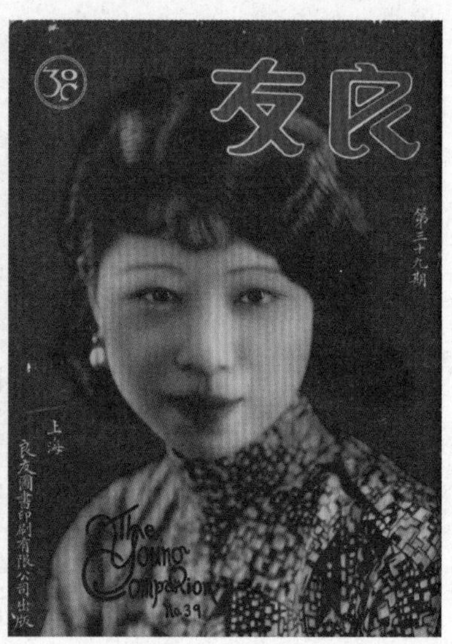

图6-3-2《良友》杂志封面之二

（一）《良友》

《良友》杂志创刊于民国十五年（1926），停刊于民国三十四年（1945），是我国最早的8开大型综合性画报，20年间，《良友》共出刊172期，共载彩图400余幅，照片3.2万余幅，内容涉及近现代中国社会的发展变迁、世界局势的动荡不安、军政学商各界风云人物、社会风貌、文化艺术、戏剧电影等方面，内容丰富，知识性、趣味性和可读性强。①该刊物定期刊登画家们所创作的服装新款式以及国外最新的时尚流行服饰，并刊有当时的社会名流与歌舞明星的近照。时人评价《良友》：“《良友》一册在手，学者专家不觉得浅薄，村夫妇孺也不嫌其高深。”

《良友》受到西方潮流的影响，有一些图片非常前卫，如第125期的对开页“人体习作”左页是整页跪着的女人体，右页是4幅不同姿势的女人体，②画中女子为亚裔，全身裸露，描着细细的眉毛、涂着厚厚的口红、短发短刘海。再如第127期的《影城花絮》是四位穿着不同款式泳装的好莱坞美女，她们都烫着短发、穿着半跟鞋、露出胸、肩和修长的双腿，图片下的注释为：“好莱坞各影片公司，最近以分类方法将该地应征作演员之美女之腿部一一拍照分类存好，遇摄歌舞片时，按图索骥。顷刻之

①仅以1937年4月号（第127期）为例，所涉及的有内容囊括以下多个方面：政治时事类——“国内动态”（第16页）、“国际近事”（第18页）、“法国人民阵线的红色总理——里昂伯伦”（第20页）；军事类——“毕业生就业训导的军训”（第24页）；雕塑类——“雕刻家王如玖氏的作品”（第26页）；摄影作品类——“锦绣春华”系列摄影作品（第28页）；建筑类——“奥地利的礼拜堂”、“匈牙利的皇族教堂”（第30页）；天文类——“火星上的世界”（第32页）；风景类——“英雄树”（第34页）；绘画类——“现代画坛”（第36）；工商业实用美术类——“染织物图案设计”、“靠枕图案设计”、“蜡染”等（第38页）；健身类——“骑术指南”（第42页）；戏剧类——“不能上演的戏剧”（第46页）；奇闻轶事类——“见所未见、闻所未闻”（第48页）；动物类——“动物珍异”（第50页）；漫画类——“小陈”（第56页）、幽默类——“良友茶座”（第54页）；广告类：——面霜广告“宜用活泼之面霜”（第41页）、维他命广告“维他赐保命”（第41页）、兜安氏固牙香膏（第51页）、三花香霜（第51页）。

②《良友》第125期（1937年2月号），第52-53页。

间，即可集美腿歌舞女百数十人，法至善也。本图即示米高梅公司量度美女之大腿情形。”[①]从文字中可以看出当时人们接受新事物的积极态度。

图6-3-3　《良友》中的明星专栏

《良友》的封面多以女性为主，多为电影明星、名媛、女学生，等等，她们描着精致的妆容，烫发或短发，穿着改良旗袍、西式礼服、西式连衣裙、皮草、呢子大衣等服装，对当时的女性读者在穿衣打扮上具有一定的引领作用，如第39期为烫发、带珍珠耳环、穿彩色几何图案旗袍的罗相英女士（中西女塾毕业生，扈江照相馆摄、梁得所绘色，见图6-3-1）；[②]第40期为剪过耳短发、穿黄绿色花旗袍、戴一串式珍珠的徐佩珍女士（东南体育学校学生，好莱坞照相馆摄、梁得所绘色）；[③]第124期封面是一个烫短发、戴红色发带、戴皮手套、穿西式千鸟格呢子大衣的电影明星陈云裳（杨永庥摄）；[④]第125期是一个烫短发、涂口红、戴皮手套、穿黄白格短袖旗袍的女子（冯女士，杨永庥摄）；[⑤]第126期封面是一个烫短发、染蔻丹、穿绿底黑边黄花布旗袍的高斌仪女士（万氏照相馆摄）；[⑥]第127期是一个烫短发、戴缀花朵西式草帽、穿同系列嫩黄色西式连衣裙的李绮年女士（卢德初摄，见图6-3-2）；[⑦]第158期是头戴宽檐帽、身穿泡泡袖短袖白衬衫配黑绿花西式背带裙的女子。[⑧]

《良友》杂志中有“妇女界”、“闻人介绍”、“舞台电影”、“瀛海珍闻”等栏目，有国内外男女明星、男女名人的近影，他们的服饰在当时都可谓非常摩登。如第124期中有一个电影明星的专题开页“目笑眉语——电影明星的几个表情镜头，李世芳摄”，有如下题名照片：“秋水盈盈•伊人何处•胡蝶”、“肠断天涯芳草•梅琳”、“嫣然欲语时•黎灼灼”、“是受了谁的委屈了•陈燕燕”、“你是爱的天使•胡蓉蓉（童星）”[⑨]，除了小童星穿着西式的连衣裙，脚着白袜、皮鞋，头戴蝴蝶结外，其余四位成年女星有三位穿着旗袍（梅琳、黎灼灼单穿旗袍，胡蝶在旗袍外加一件西式大衣），陈燕燕身穿短袖褂、长裤和布鞋。

（二）《玲珑》

对于现代人来说，谈论起民国时期的刊物，《良友》杂志无疑是耳熟能详的，而另一本女性杂志《玲珑》则相对来讲知道的

① 《良友》第127期（1937年4月号），第44页。

② 《良友》第39期（1929年6月号）封面。

③ 《良友》第40期（1929年7月号）封面。

④ 《良友》第124期（1937年1月号）封面。

⑤ 《良友》第125期（1937年2月号）封面。

⑥ 《良友》第126期（1937年3月号）封面。

⑦ 《良友》第127期（1937年4月号）封面。

⑧ 《良友》第158期（1940年8月号）封面。

⑨ 《良友》第124期（1937年1月号），第48-49页。

人较少了。但在当时这本杂志非常流行，张爱玲曾在20世纪40年代的一篇文章《谈女人》中这样谈到《玲珑》杂志：“一九三零年间女学生们人手一册的《玲珑》杂志就是一面传授影星美容秘诀一面教导‘美’了‘容’的女子怎样严密防范男子的进攻，因为男子都是‘心存不良’的，谈恋爱固然危险，便结婚也危险，因为结婚是恋爱的坟墓。”[①]

《玲珑》即《玲珑图画妇女杂志》，于1931年创刊于上海，1936年第1期改名为《玲珑妇女杂志》，简称《玲珑》，1937年因抗日战争爆发而停刊，共出版了298期。《玲珑》在20世纪30年代的上海流行了七年之久，并且深得女性读者的喜爱，与它的内容及外在形式相关。《玲珑》杂志以文字为主，摄影照片、漫画等图片占刊物的三分之一，其内容涉及电影娱乐、时装、大众心理、妇女常识、两性关系、法律知识、科学育儿、读者信箱、漫画、摄影作品等诸多方面，集知识性、娱乐性、观赏性为一体。在外在形式上，《玲珑》杂志独辟蹊径采用64开的开本，版式新颖、设计独特，很具有时尚的气息。

与《良友》一样，《玲珑》杂志的封面女郎既有当红的女明星，也有上海的名媛淑女，展现了旧上海中产阶级及上流社会女性的摩登形象，如《玲珑》杂志第1期封面为上海“邮票大王”

图6-3-4 《玲珑》第1期杂志封面

图6-3-5 《玲珑》杂志中叶浅予所绘民国时装旗袍

①张爱玲：《张爱玲作品集》，北岳文艺出版社，2001年，第509页。

周今觉的女公子周淑蘅，她烫着时髦的短发，带着泛出莹莹珠光的珍珠项链，其身上所着之改良旗袍，上身为中式旗袍的样式，下身搭配以西式的纱质外裙（见图6-3-4）；第12期封面为两个全身的女子，一个穿改良旗袍，一个穿衬衫长裤；《玲珑》杂志第44期封面为电影明星胡蝶；第45期封面为外国明星。

《玲珑》在当时无疑也是观念新潮、走在时尚前端的女性杂志，如第12期封面，为穿着泳装的美女；再如1931年第2期有《如何对付未婚夫》的文章。

与《良友》相比，《玲珑》似乎对当时的服装流行影响更大，这是因为杂志上有许多关于具体款式的介绍，如“如果要跳舞便利；何不在旗袍下摆多打裥褶，做成像西式的宽大，行走也舒适得多，今年的趋势，颜色淡的绸料，似乎狠（很）入时，所以旗袍还是用月白、浅蓝、淡黄的软绸，但是上部的披肩短大衣，确是要用花彩的丝绒，袖口小一点，才温暖，腰部最要贴身为美观。”对“短小外套”的介绍如下：“这种外套，用黑丝绒做，两袖在肩头，打裥使其皱而松起，下段则狭而缩小，是今年最流行的样式，衣角之后做尖角，长袍是用呢绒（深褐色），不必开衩，而在一面做裥是午茶时一种最称身的常装。”对“旗袍新型”的介绍如下：“袍身是用褐色的绸类，但领袖和腰下则兼

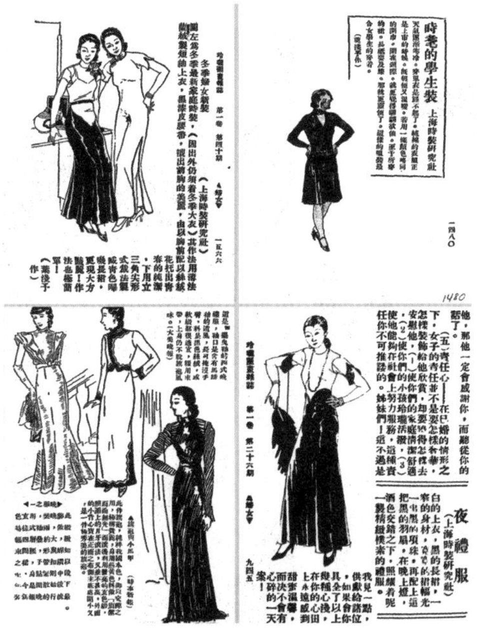

图6-3-6　《玲珑》杂志中的服装设计图

用深淡两褐色的料来拼制，袖的中段宽阔而下面束小襟在侧面，却以同色的骨扣，在日常茶午会御之甚宜。”

此外，叶浅予等画家还为《玲珑》设计、绘制精美的时装款式图，如彩色的“秋之旗袍”（见图6-3-5）以及黑白服装效果图（见图6-3-6）。

四、月份牌画[①]

月份牌画是以宣传和推销商品为目的一种美术形式，作为一种广告手段它最早产生于19世纪中晚期，其产生起因于外商倾销洋货的需要。

起初这些商家希望通过西洋画片来推销其产品，但因为中外文化的差异等因素收效甚微，于是就改用符合中国传统审美情趣又突出民俗的年画形式，如“八仙上寿”、“沪景开彩图”等。

大部分的月份牌画占据主要画面的不是商品本身，而是人物或其他风景。作为主角的商品只被放在不太显眼的地方。甚至是画中的人物与所要宣传的商品毫不相干，尤其美女月份牌画更

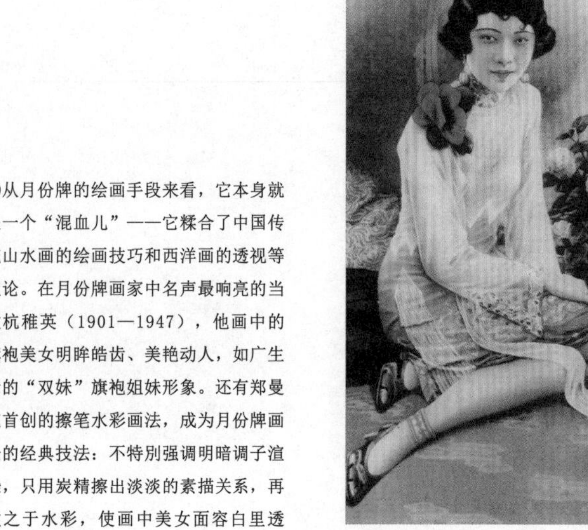

图6-3-7 月份牌画之一

图6-3-8 月份牌画之二

①从月份牌的绘画手段来看，它本身就是一个“混血儿”——它糅合了中国传统山水画的绘画技巧和西洋画的透视等理论。在月份牌画家中名声最响亮的当数杭稚英（1901—1947），他画中的旗袍美女明眸皓齿、美艳动人，如广生行的“双妹”旗袍姐妹形象。还有郑曼陀首创的擦笔水彩画法，成为月份牌画坛的经典技法：不特别强调明暗调子渲染，只用炭精擦出淡淡的素描关系，再敷之于水彩，使画中美女面容白里透红，光洁而细腻。

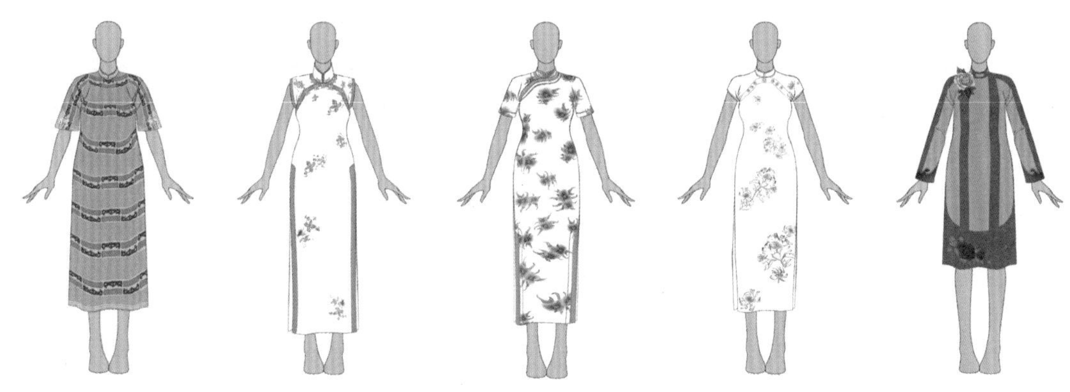

图6-3-9 民国月份牌画中出现的几种改良旗袍款式（5款）

是如此，画家们主要的任务是如何把美女画得更加美丽动人。除了美女与风景等内容外，在画面的适当位置印有商品、商标或商号，有的还标上农历和西历对照的月历，既美观又实用，免费赠送给顾客。这种月份牌画逐渐得到了消费者的喜爱。

20世纪20年代初，女性形象成为月份牌画中普遍的主题。此时的月份牌画逐渐突破了女性消费品领域，向日用品、医药、器械甚至男士用品等领域中进发。

20世纪30年代是美女月份牌画创作的黄金时期，电影明星与名媛淑女的形象成为描绘的主角。此时著名影星如胡蝶、阮玲玉等都曾作为模特原型走入月份牌画中。

除了以名人为模特的对象外，一些虚拟的美女更成为月份牌画的主角，她们的形象有些是画家想象出来的，还有一些是以人为模特并在其基础上加工而成的美人形象。在此时期的月份牌画中，吸烟的美女、打牌的美女、郊游的美女、化妆的美女和抱囡囡的美女……五花八门，不一而足，充斥着人们的眼帘、丰富着人们的生活。她们穿最流行的时装，用最新潮的物品，消费最时髦的消遣游戏，其形象是当时最为时髦摩登的。虽然20世纪30年代月份牌中美女时装造型已无定式——旗袍、洋装、裤装、泳衣、大衣都被涉及，但从审美效果看，改良旗袍仍是“她们”最主要的服饰。20世纪30年代正值改良旗袍变化最为频繁的时期，于是月份牌这种特殊的宣传方式好像一个宣传站，不仅记录了旗袍的流行变化，还推广了这种流行与变化。月份牌越来越流行，而时新的服装服饰、发型化妆也就随着身姿曼妙、纤秾适度的画中美女们的巧笑倩兮、美目盼兮的温婉形象而流行传播开来。比起对产品的宣传，月份牌画似乎更像是最新时尚流行的招贴画。

小结

相对于前面五次的民族服饰融合，民国时期具有了新的特点，在满汉融合的基础上又有了中外杂糅的特点，既包括中国国内的汉族与满族服饰的融合，又包括了中国民族服饰与西方民族服饰的融合，这可以说是第六次融合的特有之处。且这种交流伴随着人们对自身美的觉醒，是从自发到自觉的转变。其促成因素既有自身观念的转变也有“西风东渐”的影响，“西风东渐”使得中国传统民族服饰的“西化”成为一种不可逆转的趋势。在民国时期的服饰变迁与演变中，电影明星、名媛及女学生为服饰的流行做出了表率，而具有时尚理念的时装店、西方电影以及各类杂志刊物是促进服装加速变化的力量。

附录1：民国时期关于服饰的临时政府公报

之一：临时政府公报第七号[①] 大总统覆中华国货维持会函

径覆者：来书备悉。贵会对于易服问题，极力研求、思深虑远，具见关怀国计与廑念民艰热忱，无量钦佩。礼服在所必更，常服听民自便，此为一定办法，可无疑虑。但人民屈服于专制淫威之下，疾首痛心，故乘此时机，欲尽去其旧染之污习。去辫之后，亟于易服，又急于不能得一适当之服式，以需应之。于是争购呢绒，竞从西制，致使外货畅销、内货阻滞，极其流弊，诚有如来书所云者。惟是政府新立，庶政待兴，益以戎马倥偬，日夕皇皇，力实未能兼顾及此，而礼服又实与国体攸关，未便轻率从事。且即以现时西式服装言之，鄙意以为尚有未尽合者。贵会研求有素，谅有心得，究应如何创作，抑或博采西制，加以改良，

①《临时政府公报》（第七号）。

既有贵会切实推求，拟定图示，详加说明，以备采择。此等衣式，其要点在适于卫生、便于动作、宜于经济、壮于观瞻，同时又须丝业、衣业各界力求改良，庶衣料仍不出国内，产品实有厚望焉。今兹介绍二人，藉供贵会顾问，一为陈君少白（香港中国报馆），一为黄君龙生（广东省海防）。陈君平日究心服制，黄君则于西式装服制作甚精，并以奉白。藉颂公安。

之二：临时政府公报第二十五号[①]　　内务部劝导冠服须用国货示

……乃自民军光复以来，国民心醉欧风，竞尚西式，凡衣服冠帽等项，一切仰给于外……而于中国自有之货，鄙夷视之……本部有维持风俗之责……窃念道贵相因，法宜善变。所可仿效者，西装；必不可废弃者，国货。学西装，所以革满清之旧制，而日趋于新；用国货，所以挽中国之□风，而不忘其本。考日本维新数十年，各种制度全采欧洲，而其国中人士至今仍不废和服……今虽服制未颁，寻常便衣便帽，暂可悉仍其旧。即欲学其制法，大可以国货为之，用费既廉，外观亦未尝不□。

之三：临时政府公报第二十九号[②]　　大总统令内务部晓示人民一律翦辫文

满虏窃国，易于冠裳，强行辫发之制，悉从腥膻之俗。当其初，高士仁人，或不屈被执，从容就义；或遁入缁流，以终余年。痛矣！先民惨遭荼毒，读史至此，辄用伤怀！嗣是而后，习焉安之，腾笑五洲，恬不为怪。矧兹缕缕，易萃微菌，足滋疾疠之媒，殊为伤生之具。今者满廷已覆，民国成功，凡我同胞，允宜涤旧染之污，作新国之民。兹查通都大邑，翦辫者已多，至偏乡僻壤，留辫者尚复不少。仰内务部通行各省都督，转谕所属地方，一体知悉：凡未去辫者，于令到之日，限二十日，一律翦除净尽；有不遵者，违法。该地方官毋稍容隐，致干国犯。又查各地人民，有已去辫、尚剃其四周者，殊属不合。仰该部一并谕禁，以除虏俗，而壮观瞻。此令。

之四：临时政府公报第三十一号[③]　　内务部警务学校章程

……

第九章 服式

①《临时政府公报》（第二十五号）。
②《临时政府公报》（第二十九号）。
③《临时政府公报》（第三十一号）。

第三十五条 本校校长、教习及各职员服制规定如左。

一、制帽。冬用黑呢，夏用白纱。校长绕金线五道，教习及各职员绕金线三道。

二、制服。冬用黑呢，夏用白色线布。袖章，校长绕金辫一道，宽一寸二分；各职员绕金辫二道，相距三分，合宽一寸二分。

三、外套材料、袖章，均同服制。

四、裤料同冬、夏制服，不用裤章。

五、佩戴指挥刀。

第三十六条 本校学生制服规定如左。

一、制帽。冬用黑呢，绕金线一道；夏日仍用元帽、笼口、粉白竹布。

二、制服。冬用黑呢，夏用黄色线布。袖章，均绕金辫一道。

三、裤料同冬、夏制服，不用裤章。

第三十七条 制服帽徽一律均用金色篆文□字。

第三十八条 制服钮扣一律均用铜制。

……

之五：临时政府公报第三十二号[1]　　内务、教育二部为丁祭事会同通告各省电文

……本部近接浙江民政司长电，称：文庙丁祀应否举行，礼式祭服如何，其余前清各祀典应否照办。迭据各属请颁典礼，应归统一，敝省未便擅拟，请电照遵等因。据此，查民国通礼现在尚未颁行。在未颁以前，文庙丁祀应暂时照旧致祭，惟除去拜跪之礼，改行三鞠躬。祭服则用便服。其余前清祀典所载，凡涉于迷信者，应行废止。惟各地所祀者不尽同，请由本省议会议决存废。事关全国，为此通电。贵省即祈转饬所属，查照办理。内务部、教育部。

之六：临时政府公报第三十六号[2] 第七页 江宁巡警总谕令人民一律剪除发辫示

现在中华民国，系合汉满蒙回藏五族人民为一共和大国。所有法令制度，自应咸与维新，齐一五族人民，以为民国统一之标准。满人亦五族之一。前清制度，乃一部分之满人所为，已不

①《临时政府公报》（第三十二号）。
②《临时政府公报》（第三十六号）。

合于五族全部之规定。如发辫一项，地球各国，绝无□□。现值开放之局，普通形式，相率从同。我中华民国奚能独异？故临时政府公报第二十九号令示门已载有大总统令内务部晓示人民一律剪辫之文。查宁人民已剪辫者十居八九，然仍有发辫虽去而尚剃其四周者，既不合于□□，尤实曾其丑态。本总局有维持风俗之责，应行明白晓示，并限二十日内未见者，一律剪除，已剪者不得再行剃其四周。如有不遵，本总局惟有执法以待。此示。

附录2：民国《服制》

1912年10月3日，民国《服制》正式公布：

第一章　男子礼服

第一条　男子礼服。分为大礼服常礼服二种。

第二条　大礼服式如第一图。料用本国丝织品。色用黑。

第三条　常礼服分二种。

一、甲种式。料用本国丝织品。或棉织品。或麻织品。色用黑。

二、乙用式如褂袍。

第四条　凡遇丧礼，应服第二第三条礼服时，于左腕围以黑纱。

第五条　男子礼帽。分为大礼帽常礼帽二种。

一、大礼帽式。料用本国丝织品。色用黑。

二、常礼帽式如第五图。料用本国丝织品或毛织品。色用黑。

第六条　礼靴分二种。

一、甲种式。色用黑。服大礼服及甲种常礼服时用之。

二、乙种式。色用黑。服乙种常礼服时用之。

……

附录3：民国《礼制》

1912年8月17日，民国《礼制》正式公布，共二章七条：

第一章 男子礼

第一条 男子礼为脱帽鞠躬。

第二条 庆典、婚礼、丧礼、聘问，用脱帽三鞠躬礼。

第三条 公宴、公礼及交际宴会用脱帽一鞠躬礼。

第四条 寻常相见，用脱帽礼。

第五条 军人警察特别规定者，不适用本制。

第二章 女子礼

第六条 女子礼适用第二条、第三条之规定，但不脱帽。寻常相见，用一鞠躬礼。

第七条 本制自公布日施行。

附录4：《上海风土集记》中关于民国上海女子服饰等问题的描写[①]："第十六篇 上海的妇女"节选

上海妇女大部分优游不事家计。不知织纫。不问女红。晨昏颠倒。宴午始作朝起。午后调脂弄粉。锦袍艳装。非出外游乐。即在家打牌。通宵达旦。烟茶果食。任情口腹。那里知道经济的困苦。生活的艰难。内无担石之储。出有绫绮之服。知她从何而来。咄咄怪事。

一部分妇女竞治艳装。骄奢淫逸。浪漫于恋爱之中。姘头之风甚盛。姘头即两粤称"契家婆"。君颜虽丑。苟有银钱。则妇女争相结识。东姘头西姘头。良好姘头容或有之。但大多数有始无终。往往发生枝节。破财损誉。何尝达爱情的真谛。

辛亥光复。党人聚集金陵。吴剑华等诸人女士提议剪发。并躬为之倡。三千烦恼丝部付并州一剪。附和者数十人。时袁世凯为大总统颇不以为然。即经示禁。妇女剪发之风于以消灭。五年前国民军誓师于广东提倡妇女剪发。一时风从甚众。民军克复上海。上海妇女遂亦风行剪发。今年轻妇女十九剪发。公平说一句。若从卫生上言。妇女剪发自然有益于身体。若从美观上论。到底是梳髻的推为上选。然而人前评论。谓男女之间重在爱情。不在于装饰。且男女平等。女子装饰毕竟是男子的玩物。这样说来。洒家却亦没说了。但今上海剪发的妇女。十九美丽其旗袍。高跟其皮鞋。画起柳叶眉。抹起胭脂脸。袅袅娜娜。此情此景。

①上海信托股份有限公司编辑部：《上海风土集记》，东方文化书局，1930年，第49-53页。

是非装饰乎耶。女子没装饰。那里博得男子的爱情。美人兴黄金。始终结合不渝。没黄金。只可抱独身主义罢了。

姑苏妇女最擅梳髻。有盘龙，香蕉，蝴蝶，苹果，玉桃，诸名称。发光可鉴。手工绝佳。真是古人说的“蜻蜓飞上玉搔头”。今虽风行剪发。而保留青丝者独有其人。恒时有一部分姑苏妇女专代人梳髻为生活今十九沦于失业。沪俗妇女多倩人梳髻。上等妇女自己雇佣梳头婆。中等以下都是包月。譬如每日梳一次每二日梳一次。大约每月包银一元五角至三元。梳头婆一月可赚十余元。

十年前（指20世纪30年代初的10年之前，也即20年代初）上海妇女服装虽时有变更。大抵改形式不改制度。五六年前电影女演员始提倡旗袍。旗袍系清朝满洲妇女的服装。形式和男子的长衫一样。不过左边没开裾有些分别。一经提倡。风行万里。时孙馨远（传芳）为江浙督军。曾经示禁。然督军的势力不逮租界。内地虽禁。租界不闻。嗣国民军克上海，旗袍之禁始弥。今中等以上妇女十九衣旗袍。公平而论。旗袍比较汉服美观上高胜一筹。新名词的“曲线美”尤能够充分的表现。宜其得人心。本来旗袍式样只有一种。今则式样之多不下数十种。冬天则加大衣或斗篷。苏杭女子天生丽质。益以旗袍靓妆。恍若嫦娥下降。为世界各国所赞赏。按我国妇女久经古今词人的品评。姑苏第一。杭州第二。南京北京天津第三。广州第四。苏杭津京以艳丽胜。广州以风情胜。所以词人说“北地胭脂，南都粉黛”，是赞美苏杭南北京天津等处的女子。又词人说“珠江女郎，柔情侠骨”，是赞美广州的女子。上海的著名。一半从艳丽的女子博得。今旅沪日本妇女亦喜穿旗袍。日女穿惯木屐。不善穿鞋。既穿旗袍。自然穿起皮鞋。步履未免有些坐马弓弯之势。一望而知为冒充国货。旗袍之外还有一种旗马甲（马甲即背心，旗马甲即长背心。）旗马甲身裁与旗袍同。不过旗马甲没了左右两袖子而已。年轻女子。旗袍之上加穿小马甲。（短小背心）小马甲不设纽子。任他露胸。女子之穿小马甲。和男子之穿马褂一样。算是一种礼服。凡作客赴宴。入席时须将小马甲脱卸。与男子之脱卸马褂一样。

旧朝妇女缠足。缠足自始何朝。年代远久。记载不详。湮没不可考。有说始自战国的吴王。有说始自秦始皇。有说始自汉朝。有说始自唐朝。据洒家瞧来。到底汉朝倒有些根据。可是亦没充分的理由。由终于成为一种悬案。历来妇女缠足。玲珑小巧首推扬州。词人说的“双钩可瘙痒”。真是不错。姑苏妇女不缠足而裹。不若扬州的窈窕。故清朝袁子才认为“莲船盈尺”所以羞吴侬也。袁子才钱塘人。名枚号简斋。子才为其字。乾隆时的进士。擅艳体诗。工骈丽文。风流不羁。少年弃官。筑随园于石头城。（中国各处城垣都是泥土砖石砌成，独南京城完全石砌，故称石头城。）吟哦著作。讲授为乐。苏杭女子多贽礼受业。一时女弟子之风甚盛。不少佳叶。故苏杭女子多工诗善文。擅长丹青彩画。此风至今犹存。今妇女天足。而姑苏妇女犹有小裹足之余风。（今吴女小裹足，只裹十分之二，盖自幼时即着紧鞋，久则足小，然不过一部分而已。）虽亦天足。毕竟苗条可爱。或穿高跟皮鞋。或穿软缎绸鞋。均具美化。因妇女多穿旗袍。故不穿长裤只穿短裤。穿短裤必穿长筒袜。且多穿丝袜。上等女子的丝袜。每双自五元至二十五元。中等女子的丝袜每双自二元至五元。下等女子的丝袜每双自数角至一元。妇女生活不问可知。去夏欧美女子浪漫程度突高。风尚不穿袜而穿鞋。上海女子有效之者。嗣经华界地方官的示禁。和社会人士的抨击。此风遂敛。只舞女间有之。上海妇女衣装。年年改易。去年流行短裤。今年却流行长裤。花样毕竟翻新。

上海青年女子以及中上等妇女完全崇尚缩乳。（缩乳即用紧背心紧缩两乳，不使峰头高突。）缩乳之风始自清朝光绪年间。今成风俗。近来政府屡申厉禁。学校当局亦劝令女生实行解放。但除一部分大学女生以及少数已嫁的女子实行解放外。其余中学女生以及普通妇女百分之九十五依旧缩乳。不肯解放。她们为何不肯解放。旁观者却是莫名其妙。缩乳有妨害身体的发育。必须实行解放。但瞧妇女的心理。恐怕在最近二十年内。不能完全达于解放。

第七章　现代民族服饰的变迁与融合

第一节　现代民族服饰在民族地区的留存方式

历史的车轮滚滚，如今已迈入21世纪的第二个十年，走过尘封的历史，现代的民族服饰是如何变迁与融合的？留存的状况如何，存在哪些问题，今后的出路何在？本章会结合具体案例进行分析。

首先了解一下当代民族服饰的几种留存方式。

现代民族服饰在非民族地区主要作为一种服饰商品而存在，而在民族地区的留存状况主要有以下七种方式：婚嫁、节庆、相亲等重要场合穿着的盛装；祭祀场合穿着的盛装；装殓用“老衣服”盛装；母女间传承的盛装和便装；成为表演服饰的盛装与便装；成为旅游商品（买卖或租赁）的盛装和便装；日常穿着的便装七种形式。

一、作为婚嫁、节庆、相亲等场合穿着的民族服饰

在婚嫁、节庆、相亲等重要场合，民族地区的人们都会穿上本民族最美的盛装：在婚礼上，无论是新郎新娘，还是参加婚礼的亲戚宾客，都会将自己最隆重的衣服展示出来。新娘的盛装可能出自自己的手工，这样就向未来的婆家展示了自己的女红工艺，也可能是出自母亲和姐妹的手工，展现了浓浓的亲情。在节庆和相亲的场合，民族盛装也是必不可少的，并且越是年轻的、未婚的人所穿的服饰越漂亮，在这时民族服饰是作为一种吸引异性的道具出现的。

图7-1-1 台江施洞姊妹节穿盛装的苗族姑娘们（2011年摄）

二、祭祀场合穿着的民族服饰

很多民族都有本民族的祭祀仪式，在这个仪式上人们要穿上最隆重的衣服——盛装。如苗族的“牯藏节”[①]（亦称“吃牯藏”、“吃牯脏”、“刺牛”），是以宰杀祭牛来祭祀祖先的一种活动，在此节日上人们要穿上自己最美的盛装，以示敬重。又如彝族的“虎节”（亦称“跳虎节”），是祭奠图腾虎的节日，彝族人民也在这一天穿上盛装进行祭祀活动。

三、装殓用“老衣服”的民族服饰

一些民族地区的妇女一生中有数套盛装，多是自己一针一线做的。当岁月流逝、年华老去，接近生命的终点时，女人们会挑选一套自己最美的衣裳装裹自己，应是与本民族文化与宗教信仰相关。还有一些男子的老衣服是新制的，但也是本民族传统的款式，且有一定之规：“如彝族，当老人去世后，均要梳洗穿戴整齐，再行火葬。各地区的老服为本地标准服，全套新制从头到脚，无一遗漏。男老人均要缠头巾，而且要缠得标准像样，以保持死者尊容。大、中裤脚区的男老人缠螺髻状英雄结于额中，缠法从左至右，与生者方向相反。”[②]

①《苗族古歌》的创世纪说生命是从枫树中来的，蝴蝶妈妈“妹榜妹留”是从枫树的树心中孕育出来，后与“水泡”游方生下了12个蛋，鹡宇鸟帮助孵出了姜央、雷、龙、虎、水牛、蛇、蜈蚣等各种生命，而姜央就是人类的祖先。因此枫树在苗族文化中具有崇高的地位，以枫木制成的木鼓被认为是祖先的归宿之所，而敲击木鼓能够唤起祖宗的灵魂，因此就有了祭鼓的仪式。

②管彦波：《中国西南民族社会生活史》，黑龙江人民出版社，2005年，第71页。

四、母女间传承的民族服饰

民族服饰最初的留存形式就是靠母女间的传承一代代流传下来的。很多地区的女孩很小的时候就开始学女红，从捻线、剪花样开始，而母亲给女儿所做的嫁衣是从孩子十几岁甚至是几岁时就开始做。勤劳的母亲们在农闲时还会不停地为长得很快的孩子做便装，笔者在进行田野调查的时候就经常看到妇女们手脚不停地纺纱、织布、裁衣、刺绣，女孩子们在耳濡目染中也渐渐学会了做衣服。而这件承载着母爱的盛装就被珍藏了起来。

五、成为表演服饰的民族服饰

随着民族地区旅游业的发展，民族服饰——无论是盛装还是便装都作为表演服饰成为民族地区必不可少的一道风景（见图7-1-2）。但必须指出的是虽然这也是民族服饰的一种留存方式，但这种民族服饰已经不再是纯粹的民族服饰而被加上了大量商业化、时尚化的因素。如笔者在四川、云南、贵州的一些地区看到的表演服饰，就简化了传统民族服饰中手工刺绣的部分，款式也有不同程度的变化，并且有些服装将原来掩盖的部位裸露了出来，或加入了撑架内裙等西方服饰要素。

图7-1-2 贵州省雷山县大塘乡新桥村的盛装表演服饰（2012年摄）

图7-1-3 贵州省雷山县西江经过改良的苗后服（2012年摄）

图7-1-4　今日西江的盛装也兼具表演服装的功能（2012年摄）

六、成为旅游商品（买卖或租赁）的民族服饰

在市场化的今天，民族服饰成为商品（尤其是旅游纪念品）是一个普遍的现象。如西江苗寨，这里作为商品的盛装和便装既可购买也可租赁，购买的场所有的是在临街的店铺中，有的是在村民家中。根据质料（自织的具有暗纹的土布和自织的普通粗布）、刺绣（精美、较为精美以及粗糙）与品相（完整、较为完整与有破损）的好坏，衣服的价格差别会很大。笔者在2006年调查时，一件苗族女性盛装上衣其定价在600元至1800元人民币之间；一件便装上衣的定价在60元到300元人民币之间。这些传统服饰售价不菲，利益的驱动使得很多村民将其拿出来卖给开服装

工艺品店的店主，店主再加价转卖，卖出的数量很多。

又如水族的马尾绣背带，因其具有特殊的工艺技艺以及繁复优美的图案等要素，也是笔者所调查地区的较为重要的民族服饰商品，在2006年笔者进行田野考察时，品相较好的售价在人民币700元至800元之间（成交价），2011年在人民币2000元至3000元之间（定价），2012年在4000元至5000元之间（定价）。再如云南地区的纳西族服饰，当地集市上所卖为机器车缝、可批量生产的服饰，保留了款式和颜色特征，其文化意蕴与传统手工制作有一定的差别，因其做工简单、几乎没有什么花纹，售价较为低廉，2006年的一套服装的价格为150元人民币左右。

作为商品租赁的一般多为盛装。据笔者所见，出租的盛装大多是现代的机绣品，很少一部分是手绣品，其中一些服饰经过现代的改良设计，与传统的款式相去甚远。供租赁的服饰一般做工较为粗糙，配饰多为白铜所制，从外观上看与白银饰品相似，但一般游客并不计较。

图7-1-5 归洪村成年和未成年的侗族女性服饰（2009年摄）

七、日常穿着的民族服饰

在很多民族地区，人们将民族服饰作为日常穿着还很普遍。并且穿着中的服饰还承担着区分着装者身份的作用：“服饰除了在婚恋及婚姻仪礼的几个基本程序中发挥其礼仪性、象征性功能外，在大多数民族那里，服装的穿戴是按一定社会的传统规矩和装饰者本人的身份来进行装饰的，都在其社会成员的心里留存了一组又一组不可更改的‘装饰符号’，故而，已婚和未婚作为两个不同的社会角色，在服饰上都有着严格的规范和区示。”①如在笔者采访的贵州省黔东南榕江县的归洪村，我们采访的几户人家的中青年妇女，基本上都有好几套盛装和十几套便装，就连女孩都如此，属于民族传统服饰较多的范例。数量如此多但不是做工简单，即便每件便装都在领部、前襟和袖口处有手工刺绣的繁复而精美的花纹。而这样的衣服只是作为日常穿着的服饰出现的，体现了这里妇女的勤劳。

图7-1-6　榕江县穿着本民族服饰的苗族女性（2009年摄）

①管彦波：《中国西南民族社会生活史》，黑龙江人民出版社，2005年，第70页。

第二节　现代民族服饰留存具体案例分析

我国地域辽阔、民族众多，这使得对现代民族服饰变迁与融合的研究范围很大，本书探讨的着眼点在于对民族服饰变迁与融合纵向的对比而不是横向的比较，因此对于现代民族服饰的变迁与融合只选取一个点来进行分析，希望可以以点带面，管窥现代社会民族服饰的变迁与融合状况。本书就以贵州省雷山县西江镇作为具体案例来分析。

一、具体案例分析——贵州省雷山县西江苗寨

西江苗寨位于贵州省雷山县，地处雷公山国家级自然保护区的雷公山麓，海拔833米，西江距雷山县县城36公里，距州府凯里35公里，西江苗寨共有1285户，5120人，其中99.5%为苗族，[①]有“千户苗寨”之称。西江苗寨包括羊排、也东、平寨、南贵4个行政村及10多个自然寨。

西江苗族过去男女穿长裙，包黑色头巾头帕，故称“黑苗”；女子裙子很长，到脚踝左右，也称“长裙苗”。西江苗族女性传统服饰分为便装和盛装两种，便装为日常穿着，样式较为简单，据其款式特征来看，笔者认为受汉族服饰影响较深；盛装是民族传统服饰的精华，为节庆和婚嫁等场合穿着，无论是款式、色彩、图案和配饰都更为讲究。女子的传统盛装尤其华美，上为宽袖大襟衣，下配百褶裙，外围飘带裙，头戴银角，颈部、手部佩戴饰品，上衣缝缀银饰，款式古朴，色彩丰富，图案精美，是苗族女性服饰中较具代表性的类型之一，其服饰制作涉及

①据2005年第五次人口普查数字。

图7-2-1　西江苗寨（2012年摄）

纺织、靛染、裁缝、刺绣、织锦、制作银饰、镶缝饰物、百褶裙的制作等诸多方面。

二、西江民族服饰留存和传承环境

（一）西江苗族服饰的留存现状

1．实物的流失和技艺的消亡

据西江苗族博物馆杨天伟（男，苗族，42岁）介绍，西江苗族传统服饰流失状况非常严重，例如一个民族服饰品商人[①]手中就有传统服饰三百余件。而这样的服装品商人在西江不在少数，他们一些是本地人，还有一些是外地人来此做生意，有苗族也有汉族，这是近年旅游化的趋势。

经调查笔者发现，一些家庭会将传统的手绣盛装卖出去，根据衣服的质地、做工、品相，价格高低不等。此外，除盛装外的其他传统服饰也被作为商品进行买卖。如笔者2009年在古街的“苗寨阿姐巧手屋”买了一个小孩帽顶和一个布挎包：帽顶人民币70元，这个用过的老帽顶与很多新帽顶一起放在托盘中，价钱也没有分别。[②]挎包人民币50元，是将老的蜡染刺绣袖片缝缀在新的蜡染包上，非常漂亮，但想想被“肢解”的老衣服还是有

①这里讲到的“民族服饰品商人”就是我们过去所说的服装贩子，因这种称呼具有一定的贬义，因此笔者使用“民族服饰品商人”这一称谓，下同。

②而在2011年笔者二次造访西江时，新做的帽顶也在100元至120元人民币之间，数量众多，而旧的帽顶则在200元至300元之间，数量更少了。

些惋惜。一般普通游客买新的民族服饰品居多，认为其“新、干净”，但还是卖出去了很多“看起来很脏”的老东西，据笔者了解多是卖给服饰研究者以及外国游客。店主介绍说“外国客人来，卖70元的再给他加上200元，他们一般不还价，很懂好坏，喜欢老的。”像这样被中外游客买走的具有三四十年、四五十年甚至以上的年头的传统服饰品数量巨大。

今天的苗族传统盛装服饰的变化之一就是制作方式的改变——从手工制作改为机器制作，因此充满变化的精美的手绣、灵动的图案变成刻板的、整齐划一的机绣图案，色彩也没有以前的丰富和温润，颜色更为简单，多以浓烈的大红大绿为主导，失却古秀之美。即便同是手绣的服饰品，同样的图案与花色，今天人们所做的与几十年前所做的差别也很大，日本学者鸟丸知子（Tomoko Torimaru）博士在谈到这个问题时曾提出自己的看法：以前民族地区的妇女在做衣服时是将自己对亲人的感情注入其中，比如背孩子的背带中体现了浓浓的母爱，而现在做的是可以卖钱的商品，其中所蕴含的内涵都不存在了，服装的味道也不同了。这种看法有一定的道理。

除了衣服本身，银饰可以说是西江苗族服饰最大的亮点。以前西江家家户户的男子不是会造吊脚楼就是会打银器，姑娘们出嫁时衣服上的银饰一般都是父亲或者兄弟打造的，而现在会这门传统手工艺的人越来越少了，随着年龄的增长，老工艺匠人渐渐都不做了。现在西江的银器一般有两个来源渠道：一是附近有一个叫控拜的银匠村，这个村子大部分的工匠去了外地，留守的只是小部分人。二是在镇上的古街，有许多专门打银饰的银器店。但现在做出来的银饰在工艺和花型上都发生了很大变化，与传统的银饰相比有的汉化现象较为严重，花纹越来越精细，有的在造型上较为粗糙，失去了传统银饰特有的古拙之美。此外，在材质上，这些配饰也发生了变化，苗族的服饰被称为“银子衣裳”，银子的首饰和银佩饰是它的一大特点，但现在因为成本和原料等因素，很多改为白铜打造，因此在外观上也与银子打造的饰品具有一定的差异。

2. 民族传统服饰日渐淡出人们的日常生活

在西江采访发现一个现象，除了中老年外（中老年人中也有

图7-2-2 穿戴盛装时佩戴的银梳（2012年摄）

图7-2-3 西江银角局部花纹（2012年摄）

一部分为了方便穿汉族服饰），大部分的青年人和小孩子都穿西式的现代服饰，包括上衣的毛衣、线衣以及下身西式裁剪的裤子。这是因为传统苗族服饰都由手工制作，穿坏了可惜，而成衣化生产的现代服装价廉物美，劳作时损毁了也不觉得可惜。此外，刺绣的衣服多不能洗，其布以植物来染色，因而色牢度较差。

据笔者采访得知，西江地区做一件女子盛装，从种棉、织布、染色到缝制、刺绣所需时间为一年左右。且这一年的时间是不干其他农活、单做衣服所需要的时间。[①]除了自己和家人穿着外，这些传统样式的服装能被卖出去的毕竟是少数，因其费时费工，做的人也越来越少。

（二）西江苗族服饰的留存和传承形式

作为日常服饰来穿着是西江苗族传统服饰的留存方式之一。经笔者观察，日常穿着传统便装的基本是中老年女子，这种便装在款式上保留着传统的样式，但衣服的质料和图案都有所变化。年轻女孩则穿着现代的西式便装。

老年女子所穿的传统便装为青黑色自染土布，没有什么花纹和图案，非常素雅，头上盘髻，插木梳、银梳为多，也有除梳子外戴一朵假花的。中年女子所穿传统便装多为丝绒等买来的面料，颜色有紫红色等，头上盘髻，插银梳和红色、粉色假花。年轻人除了传统节日外，一般不穿或很少穿传统服饰。

在婚嫁、节庆等重要场合，西江人会穿着盛装。在这些特殊的日子里，人们会拿出自己最美的盛装来穿戴，女子头戴银冠和

①所需时间因个体差异有所不同，这里所指的一年是一个平均值。

图7-2-4 身着便装的西江苗族妇女(2009年摄)

银角，并将与此搭配的项饰、胸饰、手饰等银饰戴在身上的各个部位。

西江苗族女子每人至少都有一套盛装，一般都是母亲亲手缝制、刺绣，具有浓厚的亲情意义。每个家庭中，妈妈根据女儿的人数做盛装，每个女儿出嫁时各做一套作为嫁妆。女儿们做了妈妈再给自己的女儿每人做一套。

西江古街上有一个大广场，每天中午11点至11点45分，下午5点至5点45分别有两场歌舞表演，表演者为西江千户苗寨歌舞表演队演员，只要天气晴好都会有演出。这两场表演不单独收费，游客只要购买了西江的门票进入了寨子就可以免费看表演。在笔者第三次调研时表演的场地又增加了一个更大的场所。

这两场表演的演出服基本上都是传统的苗族盛装，也有少量的便装。其款式并不单纯是西江的款式，从裙子的长度上看，不仅有西江传统的长裙，还有短裙和中裙。其中一个群舞节目中女孩们所穿的裙子是西江附近短裙苗的百褶裙。这种百褶裙长度在膝盖以上10厘米左右，与此相配的是小腿上的绑腿。上衣为右衽的大襟衣，衣长比传统的短裙苗上衣大约短5厘米到10厘米左右，上衣与裙子之间露出腰部的肌肤。短裙苗本来的传统衣服一般不露腰或只露出很小一部分腰，而这种表演服很明显是经过改良的舞台服装，更为大胆与现代。

随着旅游业开发的逐渐深入，西江的民族服饰展演已经不仅仅局限于少数相貌出众、歌舞表演出色的青年男女，因一些影视剧的拍摄以及各种规模的旅游活动的陆续推出，人数众多的中老年普通群众也加入到表演中来（见图7-2-5），他们接到演出通知就会换上盛装来到广场上，这种场合所穿的服装一般都是专为演出而做的机绣的衣服和铜质的首饰，这样穿坏了、碰坏了也不可惜。笔者曾在2009年、2011年、2012年三次到西江进行田野调查，虽相隔时间不久，但也能看到作为表演服装的苗族传统服饰的变迁以及其与汉族服饰相融合步伐的加快。此外，民族服饰还作为西江一些旅店招揽顾客的有效手段，穿着盛装的姑娘拿着牛角杯和彩蛋迎接准备住宿和吃饭的游客（见图7-2-6）。

西江的民族服饰除了当地人自己穿着外，还可以作为商品，这其中包括买卖和租赁两种形式。作为商品买卖的有盛装和便装两种服装，买卖场所既可以在临街的店铺，也可以是沿街摆的小摊，还可以在村民自己的家中。这些传统服饰售价不菲，利益的驱动使得很多村民将其拿出来卖给开服装工艺品店的店主，店主再加价转卖。

图7-2-5 穿着盛装参加大型活动的中老年妇女（2012年摄）

图7-2-6 西江旅店前穿着民族传统服饰的店员（2012年摄）

作为商品租赁的一般多为盛装款式的民族服装，租赁地点一是在寨子广场北侧的租赁摊点，一是在山顶的旅游景点。租赁收费按次来计算，笔者2011年调查的价格一般租一套衣服付人民币10元，照几张照片都可以。付完钱出租者会按照传统着衣方式给顾客穿戴上这些服装。每个租赁的摊点都有三家以上的摊位，因此竞争激烈而服务也就很热情。这种供出租的传统服饰都比较新，绝大部分是现代的机绣品，做工较为粗糙，配饰也都是白铜所制，但一般游客看不出区别，因此并不计较。

三、关于西江苗族传统服饰传承的三次田野调查记录

图7-2-7 西江服饰品店的服饰商品（2012年摄）

图7-2-8 穿着出租服饰的游客与当地苗族、侗族姑娘的合影（左一、右二为游客，2009年摄）

因研究的需要，笔者曾先后三次（2009年8月、2011年4月、2012年6月）来到贵州省黔东南苗族侗族自治州雷山县西江镇进行田野调查，时间跨度为3年，第一次考察主要侧重的是对西江村民家中所藏民族服饰的调查，第二次考察主要侧重对西江古街上民族服饰品店的调查，第三次考察既包括对村民的调查，也包括对服饰店的调查。

（一）2009年8月的田野调查

1．采访当地群众毛云芬

被采访者：毛云芬（女，苗族，53岁）

采访人：周梦

采访时间：2009年8月5日上午10:00至12:00

采访地点：西江羊排村

羊排村的毛云芬是笔者的房东，年轻时从外地嫁到西江，自己的盛装留下给毛云芬的母亲（90多岁）留念。毛云芬有三个女儿一个儿子，①这意味着毛云芬要为三个女儿做三套盛装。毛云芬是一位很能干的苗族妇女，②但即便是能干的毛云芬，做一件传统盛装的上衣，也要三、四个月（这指的是每天不做其他活的情况下）。盛装做好后还要装饰银饰，非常费时费工费钱。毛云芬自己那件盛装的银饰是她父亲打造的，为纯银质地。盛装的材质除了布料还有纸——上衣袖子上的花边的边缘是一排折成三角形的银纸，因此真正传统工艺做出的盛装是不能洗的。据毛云芬介绍，她衣服上的花带都是自己织的，而她盛装上的花带图案、腰间的花纹都是她的母亲亲手蜡染制作的，而在西江，这种花带年轻一代会织的人已经很少了。

以下是我就服饰传承问题对毛云芬采访的记录：

笔者：“你是什么时候开始学刺绣的？”

毛云芬：“小时候学，十五岁学成了，自己绣，没人教，花样是自己画，然后自己绣的。”（西江女性一般结婚较早，③在婚前就掌握了缝纫刺绣的技巧。）

笔者：“您孙女们这一代还会不会穿传统的苗族服饰？”

毛云芬：“这就很难说了。”（她指手中的盛装告诉笔者）“这件衣服做了有二十四年了，大女儿嫁到广东没什么机会穿，也不喜欢就没带走，二女儿自己有，就给小女儿了。”

①两个已出嫁女儿一个嫁到广东，一个在西江的古街开店，未出嫁的小女儿还在读书。

②据她自己介绍：“我没进过学校，但在夜校读过书”，还在作者的采访本上写下她的名字，字迹很清秀工整。

③西江女性一般十七八岁就结婚，最晚20岁左右。有工作的（一般指公职）可能会拖到二十七八岁，一般没有到30岁的。

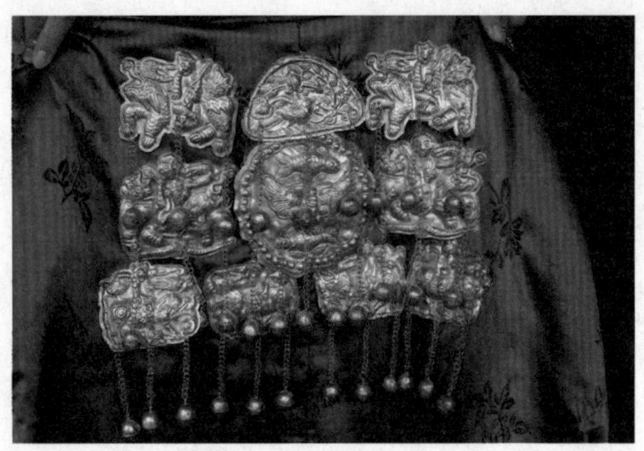

图7-2-9 毛云芬家的盛装局部（2009年摄）

笔者：“您做这样一件衣服（盛装）大概需要多少时间？”

毛云芬：“这种衣服在孩子十五六岁时就给她做，全部弄好才能完成。有活时在地里干活，没活时在家做。”

2. 采访当地群众顾某某

被采访者：顾某某[①]（女，苗族、37岁）

采访人：周梦

采访时间：2009年8月7日上午11:00至11:50

采访地点：西江苗寨广场

2009年笔者在西江采访时碰到了在古街上做服务工作的顾某某，采访时她正在刺绣，据她介绍她有两套盛装，一套是母亲做的，上边的银饰都是父亲和哥哥亲手打的；一套是自己做的。当笔者问道她的父亲现在还是否做银饰时，她说父亲老了，不做了，哥哥接着做，他在古街上有一个门面，自产自销。

顾某某的女儿当年（2009年）14岁，她手上做的是给女儿的盛装上衣，刺绣的这个绣片是衣袖花。据采访所知她做一件上衣得四五个月，百褶裙和飘带裙得四五个月，做完一套大概需要一年时间。当我问到造价时，她介绍说，上衣的面料加上线等辅料的成本在400至500元钱，裙子成本在200元左右，全套银器在4000元到5000元左右，如果是白铜的在二三千左右，价格不菲。顾某某还告诉笔者，现在寨子里30岁以下的女孩已经很少去学做传统服饰了。

3. 采访当地群众杨胜芬

①可能是因为习俗的原因，顾某某没有告诉笔者她的全名。

被采访者：杨胜芬（女，苗族，36岁）

采访人：周梦

采访时间：2009年8月10日上午10:10至12:00

采访地点：西江羊排村杨胜芬家中

被采访者杨胜芬拿出了四件自己的盛装上衣，这是笔者2009年西江之行中为笔者展示盛装最多的一位女性。以时间为顺序，第一件是杨胜芬外祖母所穿的，是手绣的，有80多年历史了，古朴淡雅，尤其是衣服上的图案非常的生动，艺术水准较高；第二件是杨胜芬母亲的盛装，是手绣的，有60多年的历史；第三件是杨胜芬自己的盛装，是手绣的，有30多年的历史；第四件是杨胜芬平时参加活动时穿的盛装，是机绣的服装，很新，只有二三年历史。笔者也从这四件服饰中，可以看到这几十年来西江女性盛装的变化。杨胜芬自己也会做传统服饰，但已不常做了，笔者2012年二访杨胜芬家时，只有她的丈夫在，她自己已去南方打工了，每个月的工资在一两千元左右。

图7-2-10　穿着盛装上衣的杨胜芬（2009年摄）

（二）2011年4月的田野调查

1．采访民族服饰品店店主李某某

被采访者：李某某[①]（女，苗族，30岁）

采访人：周梦

采访时间：2011年4月14日下午15:00至16:00、15日下午13:00至13:30

采访地点：西江古街

李某某是西江本地人，是一位美丽而能干的苗族女性，有一个女儿（12岁）和一个儿子（7岁）。她的服饰店位于古街的中心位置，在广场的边上，西侧的第三家店。李某某在西江属于比较早开始经营民族传统服饰品店的本地人。笔者2011年4月14日第一次采访时，她穿着现代汉族的上衣下裤，能看到民族特色的只有她头上所盘的发髻以及头上所插的红花，次日来时她换上了西江苗族女性的便装，发型相同。

西江的整体开发是从2004年开始的，而李某某两年后就开始经营民族服饰品。她的店面代表了西江服饰品店的一个类型——店面没有招牌和名字，[②]店内也没有什么装潢。她店里的传统民族服饰品大部分很精美，但价格稍高，[③]而当笔者2012年三访西

①与顾某某相同，李某某也没有告诉笔者她的全名。

②一进店内有一个铺着红布的长桌，上面摆满了现代的工艺品（不限于服装）。左侧墙上挂满了背儿带和背扇，中间墙上挂着各式各样的绣片和一套黄平女盛装，右侧墙上有两排塑料简易人形模特，上面一挂着的是西江当地的女盛装上衣，下面一排挂着的是带有民族风味的现代设计的女装长裙。

③笔者2009年来西江时在她的店里看到一件典型的盛装上衣，当时价格是1500元人民币，现在那件衣服还没有卖出，要价在5000元人民币。笔者曾于2006年购置水族马尾绣背带，花费750元人民币，在这个店里也看到与之相似的一件，要价在5000元人民币，这也从一个侧面说明了传统的民族服饰品的价格在这几年增长得很快。

图7-2-11 李某某的店面（2012年摄）

江时，她店里的衣服又贵了一些，当笔者问起缘由时，她回答说，因为附近的传统服饰都收的差不多了，他们现在去收衣服就要走很远很远的路，经常是到一些偏远的地方没办法搭车只有步行。非常辛苦地下去收衣服却什么也收不上来的情况也不在少数。近些年绣工精美的老东西现在越来越难找了，而店里的很多服饰品都是以前收的，现在已经收不到了，卖掉也就没有了，因此价格跟着市场走，是会比较贵一些。

她说的这些情况是笔者2011年4月第二次调查时，调查地点的服饰品店主、摊主普遍反映的问题，一方面可以理解为他们为了卖更高价钱的说辞，其实另一方面也反映了一个现实，那就是较为古老的、做工精细的、品相好的传统民族服饰品流失情况严重。据笔者采访时了解到，在西江当地收一套衣服根据绣工的粗细来定，有一两千元的，也有两三千元的，特别好的五六千元。笔者对比2006年、2009年、2011年三次到民族地区的调查情况，认为他们所言非虚，这也表明了传统民族服饰的保护、传承与发展问题刻不容缓。

2．采访民族服饰品店店主石金花

被采访者：石金花（女，苗族，25岁）

采访人：周梦

采访时间：2011年4月14日上午10:00至11:00、15日下午16:00至16:50

采访地点：西江古街

石金花在西江古街上开有一家服饰品店。她在我进行采访时穿着现代的汉族服装（她本为汉族人，后改为苗族）。她的店中有很多她母亲利用传统服饰的衣片重新设计服饰品。

石金花对客人态度和蔼、温文有礼。她从15岁起就开始买卖民族服饰，至今已有10年，积累了大量丰富的经验。其店面装饰精致而温馨，货品摆放得井井有条。[①]石金花店里的民族服饰品做工都很精美，品相也很好。据她介绍这是从她父母那一代就开始收集的成果——她父母已经收集了十几年的衣服了，店里的这些只是他们家收藏的一小部分，还有大部分在凯里的家中。

（三）2012年6月的田野调查

2012年6月，笔者第三次来到了西江，进行了第三次的采访，这次的采访对象既有普通的村民，也有服饰店的店主。

1. 采访当地群众李金夫妇

被采访者：李金（男，苗族，59岁）

李金之妻（女，苗族，57岁）

采访人：周梦

采访时间：2012年6月27日下午15：00至18:00

采访地点：三苗居

2012年6月27日下午，房东李金夫妇特地为我们拿出他们家珍藏的民族传统服饰。有盛装上衣3件、飘带裙1件、便装上衣6件、围腰5件，其中两件便装上衣第二个扣的位置与围腰顶的银制“寿”字符银饰以银链相连，疑受汉族服饰影响（见图3-2-9）。[②]银角一副、银帽一顶、盛装银梳2副（一副为流传下来的，另一副为新打制的）、银项圈2副、银耳环2副、背带3件、小儿帽子2顶（其中一顶配银饰）。其中一件盛装上衣为李金之妻的母亲传下来的，另一件为李金之妻新做的，是给在广东工作的小女儿日后结婚之用。三件盛装上衣随着年代的推进色彩越来越艳丽，且其图案受汉族服饰特色的影响越来越明显。便装上衣中年代最久的一件大概有50年历史，其上的花纹以彩色丝线平绣，具古朴之风，其后随着年代推移花纹的风格逐渐产生变化，最近的一件花纹已不用刺绣的技法，而是李金之妻用浅蓝色布条折成几何形连续图案请镇上的人用缝纫机车缝。据李金介绍，现

①一进店门就是一个木头的案台，上面铺满了对折的绣片，一块搭一块的排在一起。西面的墙壁上是一排展柜，柜顶有暖光打下来，使服饰品看起来更有一种历史的温润感。展柜上方排列了一排装上镜框的背扇。木案和这一侧所展卖的都是传统的刺绣、纺织品。面向店门的这面墙是四层的展柜，上面放置着童帽以及经过现代设计的现代民族服饰品，满足了不同顾客群的需要。最让笔者感到意外的是东面的墙上挂了一幅描绘便装苗族妇女的油画，油画旁边是一个落地的穿衣镜，便于顾客试衣。

②年轻妇女的围腰有绣花、年老妇女的围腰没有绣花。

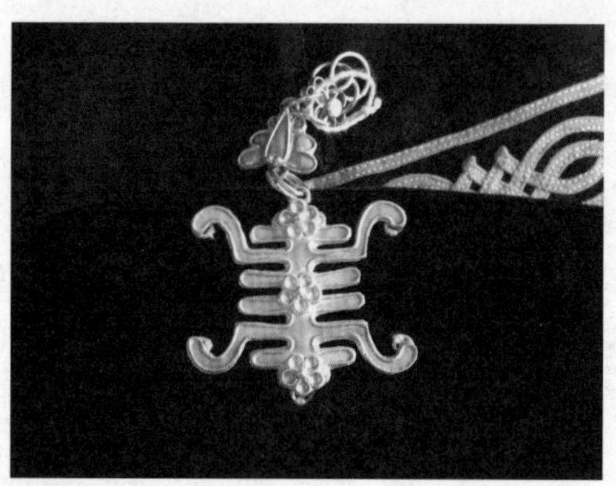

图7-2-12 便装上的“寿”字银饰（2012年摄）

在打制一套盛装的银饰仅手工费就要1万多元。

2．采访民族服饰品店店主之弟石传正

被采访者：石传正[①]（男，苗族，22岁）

采访人：周梦

采访时间：2012年6月27日下午13：00至14:00

采访地点：西江古街

这是我第二次来到上文所提到的石金花的服饰店，不巧她去凯里了，看店的是她的弟弟。这次的店面与上次相比有两个明显的不同：一是墙上的油画换了一幅新的；二是多了一个英文的购买标志牌和银联的刷卡标志。时隔一年，店中的民族服饰品虽然与其他店相比依旧很精细，但明显新做的多过老的，而且价格增长了1.5至2倍。[②]当我就如此高的价格向石传正询问时，他解释说：“一是现在很多当地人去外地打工，不像原来那么缺钱了——以前经济不好会拿家里的衣服卖了换钱，现在就不会了。二是老的东西越来越少了，生活水平提高了，现在新做的人工成本很高。”笔者后来的采访也印证了他这种说法，现在西江做传统服装人工成本每天在80元左右。

3．采访当地群众杨昌元

被采访者：杨昌元（男，苗族，58岁）

采访人：周梦、中央民族大学美术学院服装系2010级下乡调查小组第一组[③]

采访时间：2012年6月29日上午11:00至12：00

采访地点：羊排村杨玉祥家中

①石传正为第二次西江之行的采访对象石金花之弟。

②当我说前一次来价格还不是这么高时，石传正问我前一次是什么时候来的，我说是一年之前（2011年4月），他说，那就是好久了，这一年价格涨了很多。由此我们可以看到民族服饰价格攀升速度之一斑。

③第一组成员（中央民族大学美术学院服装系2010级本科生）：刘宇航、齐彪、宋美钰、佟麟格、王梦欣、王效妤（以姓氏画划为序）。

图7-2-13 三访西江时石金花的店面内部（2012年摄）

杨昌元是我第一次来西江的房东，是西江羊排村原村支部书记，是一位善良、健谈、见多识广的老人，以下就是根据杨昌元的谈话整理出来的文字：

关于女性盛装。盛装的上衣和裙子造价在1万元以上，比原来多三分之二。西江苗族女性结婚必穿传统盛装，一般为手工缝制和刺绣（只有极少数为机缝），我们西江老人过世，儿媳妇也要穿盛装，只不过不可以佩戴银饰。

关于苗族银饰图案。很多基本都是相同的，都是围绕着苗族古歌里面的传说进行制作的。很多图案都是围绕着蝴蝶妈妈、鹡宇鸟、蝴蝶妈妈和水泡谈恋爱的故事，蝴蝶妈妈后来产下12枚蛋，于是让鹡宇鸟代为孵蛋12年，最后人类始祖姜央，蛇，鱼，牛等与苗族人民息息相关的生物就诞生了。

关于蜡染染料。西江的蜡染多用纯天然植物染料，植物染料可以抗菌消炎、清热解毒等功效，以中药材居多，因红色最不好提取，所以红色最贵重。

关于服饰品的产业。西江已经形成了一定的规模化产业模式，大的有股份制公司，小的有各门各户小作坊式的门店，多为加工再生产，主要就是银饰、刺绣和蜡染这三种技艺，这是我们当地人最为擅长较易发展起来的产业。

关于苗族蜡染的技术。西江以前的蜡染是要烧碳、点煤油灯进行吹焊的，吹焊技术还在用，只是现在更先进了，而现在一般都用喷枪。现在的技术和过去的技术做出来的蜡染不太一样了，但效率是大大提高了。

关于银饰工艺。现在做银饰工艺的人大多在30岁以上，在街上开店做买卖，加工、设计、生产于一体。银饰工艺的传承一般是父子相传，把祖传的工艺一代代往下传，因此，不同银饰店虽然图案相差不多，但形态样式有着细微的差别。不过随着旅游的旺盛发展和经济的飞速增长，年轻人多出外打工，这些民族的工艺传承就越来越困难了。

关于高级设计人才。西江的服饰品店也有学习民间工艺专业的贵州凯里学院的大学生，他们主要是围绕苗族的银饰、刺绣、蜡染来进行设计、制作、生产等，如银饰的制作、焊接、锻造，如何进行识别和挑选。

4. 采访当地群众唐龙定

被采访者：唐龙定（男，苗族，73岁）

采访者：中央民族大学美术学院服装系2010级下乡调查小组第一组

采访时间：2012年6月28日下午14:20至15:30

采访地点：羊排村唐龙定家中

唐龙定有两个女儿一个儿子，三个子女都到外地去了，家中只有儿媳妇和孙儿。以下就是根据唐龙定的谈话整理出来的文字：

关于发式。西江的妇女都梳这样的发式，[①]不仅好看也有本

图7-2-14 接受采访的杨昌元（2012年摄）

①即头盘髻，在其上插发梳和花。

地的苗族特色。到有节日的时候，比如芦笙节老年妇女就会带银帽，头发也会梳得更整齐好看。

关于女性盛装。我妻子的这些盛装有些是她妈妈留给她的，是她妈妈从她十几岁就开始做的，有好多年了，其他的是我妻子自己绣的。

关于苗族盛装上的图案和刺绣。这些图案都和苗寨古歌和神话传说密切相关，上面绣的各种动物都是与人民生活息息相关的动物。我们这个刺绣手法都是综合的，有各种绣法，有用绉绣绣主要图案，也有用打籽绣修饰旁边的位置。不会用一种绣法绣完一整件衣服，这样一成不变是不可取的。

关于颜色。用什么颜色我也不知道怎么说，我们没有学过什么美术啊，颜色就是怎么好看怎么用啊，自然就是美。

关于男女盛装的差别。苗族女子盛装华丽，男子简朴，这是和苗族的历史是息息相关的，苗族是蚩尤的后裔，一直过男子耕作打猎，女子织布绣衣的生活。男子若穿华丽的盛装肯定是不方便打猎耕作的。因此，男子会将一些打猎所获来作为一些装饰，如锦鸡的羽毛插在帽子上，狐皮什么作为腰饰。

第三节　现代民族服饰的传承与创新思路

著名设计师可可•夏奈尔（Coco Chanel）曾说过一句被广为传颂的名言:“时尚来去匆匆，唯有风格永恒”[①]，这句话的关键在于点出了“流行是暂时的，而风格（style）却能永远流传”这一道理。民族传统服饰具有它独特的内涵与特点，从而形成自己独特的风格。因此，无论时尚如何循环往复地轮回，流行的元素如何此消彼长，而“民族的就是世界的”，具有独特风格特征的民族传统服饰在服装设计舞台上永远占有它的一席之地。

在现代社会，随着生活节奏的加快、对外交流的加强、经济因素的制约等问题，民族服饰正在一点点淡出我们的生活，受外来文化的冲击，民族服饰与汉族服饰[②]的融合逐年加强，也许在不远的将来，许多传统的服饰不仅将淡出我们的生活、更会淡出我们的历史。

今天的民族服饰也是经过历史的变迁、经过时代的人为发展的结果，那么，在今天的时代背景下如何使之“活”下来？衣服的作用首先是实用，回顾民族服饰融合的历史，我们就会发现当衣服不再“适用”之后必然走向死亡，因此，对民族服饰的传承与创新就显得尤为重要。

当代民族服饰的发展，离不开传承与创新，在当代，民族服饰要想向前发展，“传承”与“发展”是两个必不可少的关键词。纵观中国历史上六次民族服饰变迁与融合，变化是它不变的主题。

“传承”与“发展”是两个相辅相成的概念。“传承”是民族传统服饰文化保留它的风格与基本要素而得以延续下去的根

① Fashion fades, only style remains the same.

②这里的汉族服饰的定义在导论中已有界定，并不是真正意义上的“汉族”的服饰。

本，而发展是使民族传统服饰不淡出历史舞台的方向。

一、现代民族服饰保护与传承的可行性途径

（一）对民族服饰实物的保护与技艺的传承

2005年3月31日，国务院办公厅颁发了《关于加强我国非物质文化遗产保护工作的意见》。确定“保护为主、抢救第一、合理利用、传承发展”的指导方针，确立了保护的重要地位。此指导方针将保护抢救与传承发展之间的关系阐述的非常明确，因此保护是传承与发展的前提。

民族传统服饰的宝贵之处正是在于它是民族社会发展的一面镜子，在它的身上折射出了当时社会生产生活的诸多方面，因此维持民族传统服饰本原的状态就尤为重要，在延长其使用寿命的同时，恢复其原有的时代风貌。

对民族传统服饰保护是否得当的标准应如何判定？笔者个人认为有两方面：一是这种保护是否最接近它的原生状态，这是我们能否无限贴近原貌地研究此服饰所被穿用的社会历史时期的重要因素；二是这种保护是否有利于其发展，保护不是终点，发展才能使民族传统服饰永葆活力。这两点中，前者是基础，后者是目的，应该坚决杜绝名为“发展”实为破坏的行为。

1．实物的保护

时至今日民族传统服饰在以一种极快的速度流失，对实物的保存也就迫在眉睫。一些博物馆以及其他研究和科研机构在每年的相关预算中，有一定的资金是专门对传统民族服饰进行收购。但这些还远远不够，民族传统服饰是社会历史文化精神生活的产物，时代不同了，生产生活方式发生改变，甚至制作服装的人的心理和精神面貌都发生巨大的变化，因此民族传统服饰的制作具有不可复制性，即使材料与做工都相同，所做出的民族传统服饰也是会存在很大的差别。

而对民族传统服饰的收购与收藏应在保证服装品质、品相的同时，应尽可能地加大数量。没有充足的实物，对民族传统服饰的任何研究工作和开发工作都是纸上谈兵。笔者甚至认为，哪怕仅仅是将这些实物作为“标本”留给后代，也是今天的我们和以

图7-3-1 云南民族博物馆藏品（2009年摄）

后的子孙了解几十年、上百年前人们的穿着与生活的绝好教材。

相关案例：对凯里三棵树太阳鼓苗侗服饰博物馆馆长杨建红的采访

笔者2012年6月带学生到贵州凯里田野调查，在当地群众的指引下我们来到三棵树太阳鼓苗侗服饰博物馆。[①]太阳鼓苗侗服饰博物馆坐落于凯里市三棵树镇，据馆长杨建红（女，朝鲜族，50岁）介绍，博物馆是以服饰制作为主线，苗族侗族服饰类型展示为主、服饰技艺演示为辅的专题博物馆。

杨建红告诉笔者，她毕业于贵州民族大学，毕业后在凯里博物馆工作。本是朝鲜族的她和苗族侗族服饰结缘开始于1993年，一些来博物馆参观的外国人惊叹于中国民族传统服饰，这给了她启发，于是开始收集民族传统服饰。近20年来杨建红收藏了120多套精品的苗族、侗族服饰以及600多件单品，杨建红认为“传承必须通过生产来传承”，她在这个思路的引导下在附近村寨挑选民族传统服饰艺人，并对她们进行培训，还在培训的过程中采集数据、记录技艺。通过努力，她建立了几个稳定的专业村，培养了几百人的绣工力量，她正在筹划出版介绍苗绣技法的图书以推广苗绣。苗绣传承可能出现断层让她有些担忧，由于收入低、工艺复杂，苗族年轻人从事苗绣的积极性不大，目前的主力多是

①太阳鼓苗侗服饰博物馆于2012年4月正式挂牌，展览面积1000平方米，共582件展品和180张图片，有关于100套苗族侗族服饰的款式、穿戴习俗和装饰风格的文字介绍。

图7-3-2 太阳鼓苗侗服饰博物藏品局部(2012年摄)

30岁到50岁之间的女性。她希望能够做出一个品牌，发掘苗绣的市场潜力，吸引年轻人。

2. 技艺的传承

技艺的传承是民族传统服饰得以流传的必要条件，技艺的传承包括研究层面的传承和实践层面的传承两个方面。

研究层面的传承指的是对技艺进行记录、整理和理论的研究，是将现存的和渐渐走向消亡的技艺以文字、图片的方式记录下来。

实践层面的传承在这里指的是技艺掌握者和学习者之间口手相传的方式将传统技艺传承下来。实践层面应注意两方面内容，第一方面是传承的方式，第二方面是对传承人的认定和保护。

从传承的方式上看，现有的传承方式最主要的是家庭成员间传承。①第二种传承方式是师徒间传承。师徒传承不同于母女之间的传承，其范围更广、更具有专业性，效用更大。因而也是民族传统服饰未来技艺传承的一种有效方式，但其在系统性和规模性等方面较为薄弱。第三种传承方式是工艺研习所（或民间服饰技艺协会）传承。笔者在云南、贵州、广西的调查了解到，工艺研习所因其资金、场地和实操等方面因素的限制，如今还不是一个主流的传承方式，无论从规模和数量上都远远不够。笔者预计，在国家和各级政府的大力支持和推动下，这将是民族传统服

①在民族传统技艺的传承上，家庭无疑是最普遍的传承方式，在很多民族地区，母亲为女儿做出嫁的盛装以及平时穿的便装，女儿在耳濡目染之下渐渐也学会了这项传统技艺，以后再给自己的女儿做，如此代代相传，传承就是这样进行的。

饰传承的一个重要途径。此外，随着时代的发展，女孩子更多的是进入到学校接受教育，因此开设相关课程，从小培养孩子对传统工艺的兴趣也非常利于技艺的传承。①

相关案例：扬武农民民间蜡染协会

在贵州省丹寨县扬武乡，会长杨芳（女，苗族，45岁）于2004年成立了“扬武农民民间蜡染协会”，2008年6月，在当地政府的支持下，协会正式在工商部门注册了“丹寨排倒莫蜡染专业合作社”，开始了由“非赢利性质”的协会到“民办、民管、民受益”的合作社的经营模式，实施“市场+合作社+社员”的经营管理模式，并注册了蜡染产品商标“排倒莫”。“排倒莫”的名字来源于地处黔东南丹寨县东南部36公里两个毗邻的村寨排倒和排莫，因其民俗相似在苗语中称为“八道峁”，即排倒莫。这两个村寨的苗族妇女不论老少都会做蜡染，寨子里有很多的蜡染能手。合作社现有固定的成员30余人，合作社成员年龄在20岁至50岁之间，成员来源地是以排倒、排莫和基加三大村为中心，辐射到周边乡镇的少数民族妇女。非固定成员分布于附近的6个村庄，达300人。合作社定期举办苗族蜡染文化学习、技艺交流的活动，鼓励成员坚守本地特色。②

对于传承人的认定和保护。笔者在田野调查时发现，随着民族间交流的逐渐加深以及汉族服饰的普及，民族传统服饰技艺逐渐走向消亡。在采访中很多地区的人们都存在年轻女孩上学或出去打工，没时间学做传统衣服的情况。在这种状况下，好的民间

图7-3-3 站在扬武农民民间蜡染协会门前的杨芳会长（2011年摄）

①笔者采访贵州省丹寨县扬武乡扬武中学时发现，学校不仅开设了蜡染兴趣小组还专门开辟了蜡染工作室。据校长陈炳贵（男，苗族，40岁）介绍，扬武中学的蜡染兴趣小组的学习是建立在学生自愿的基础上，对这项技艺感兴趣的同学就培养，这也是一个选拔的过程。学生们的蜡染作品为一半是传统图案一半是画他们感兴趣的东西。通过在蜡染兴趣小组的学习，学生们既能掌握一门技能也能陶冶情操。

②据民间蜡染协会的副会长杨丽（女，苗族，41岁）介绍，在协会的发展过程中发现，仅仅是研究蜡染技法还很不够，如果能使掌握蜡染手艺的本地妇女的作品走出去，这样不仅使人们了解了丹寨蜡染，还使妇女们增加了收入，提高了生活水平。

艺人更是逐渐减少，而传承人是民族传统服饰传承的首要条件，因此对传承者的认定与支持尤为重要。

据笔者的设想，对传承者的认定应在包括对其传承路线（很多是家族内代代相传）、技艺内容、技艺水平、技艺创新等多个层面的认定基础上，在每种服饰技艺的掌握者中遴选出最出色、一般出色、一般等不同层次的人才，通过一定的认定标准将他们作为正式的传承人固定下来，也因此形成优先保护和一般保护的不同保护力度。

对民族传统服饰技艺传承者的支持大体可分为两个方面：一是给予其一定的经济支持，如每年将一定的资金以工资或其他方式下拨；二是为其创造一定的创作空间，如在政策上明文出台保护措施或将其纳入各地方相关部门的正式编制。笔者认为，经济上的支持与政策上的倾斜缺一不可，两者的结合才是对传承人进行保护的根本途径。此外还有对传承人的培训问题，这也牵扯到资金，因此国家和地方政府应加大对传承人的经济支持力度。

（二）纳入非物质文化遗产体系、建立法律保护系统

1. 纳入非物质文化遗产体系

根据联合国教科文组织2003年10月17日通过的《保护非物质文化遗产公约》中的定义，“非物质文化遗产”是指被各群体、团体、有时为个人所视为其文化遗产的各种实践、表演、表现形式、知识体系和技能及其有关的工具、实物、工艺品和文化场所。从中我们可以看出，民族传统服饰（实物）和民族服饰技艺

图7-3-4 正在画蜡的苗族蜡染艺人王文花（2012年摄）

（服装及配饰的制作工艺）都可以被纳入“非物质文化遗产”的范畴之中。

2. 制定系统、明确、具有针对性的《中国民族传统服饰保护法》

法律具有强制性的约束效力，它可以对大到政府、社会，小到相关单位、个人都具有规范作用，因此有关法律的制定是保护措施的首要举措。对于相关法律的制定，很多人提出过类似的想法，关键在于要制定系统的《中国民族文物保护法》或更具有针对性的《中国民族传统服饰保护法》。何为系统？就是能够涵盖中国民族传统服饰的类别、种属、地区、特点等要素的法律，构架在一个全面的体系之上。何为明确？就是明确要保护的传统服饰的存在年限、技艺特点、保护措施以及违反此法律所要承担的责任，做到“有法可依、有法必依、执法必严、违法必究”，只有被纳入法制轨道才能使保护措施落到实处。

（三）对民族服饰及其文化的专题和综合性研究

对民族服饰及其文化的专题和综合性研究，就是通过实地调研、文献分析、材料整理等方法对民族服饰及其文化进行专题性或综合性的研究，最终将研究成果以文字的形式记录下来。

现今对民族服饰研究的成果主要有以下几种类型：一、专项调查的著作或论文；二、服装史、民族服饰综述类书籍中涉及民族服饰的研究；三、以图片为主要内容的研究资料；四、民族志、民族文化研究专著或论文集中涉及民族服饰的内容。为使叙述更加清楚，现以研究者和成果较多的苗族服饰为例进行分析。

1. 关于苗族服饰的专项调查的著作或论文

其中著作类如中国民族博物馆编《中国苗族服饰研究》（包括综合性研究，也包括区域性研究）；杨鹍国所著《苗族服饰：符号与象征》（从苗族服饰的形制、制作、历史、社会文化功能、精神特性等方面对苗族服饰文化进行了系统的梳理）；席克定所著《苗族妇女服装研究》（从苗族妇女服装的类型、服装的款式和类型形成的时间、服装的发展与演变、服装的社会功能等方面进行研究）；杨正文所著《鸟纹羽衣：苗族服饰及制作技艺考察》（从苗族服饰的多样性、节日中的盛装、服饰的工艺、服饰的制作者、银饰匠人、蜡染技术、传统技艺的保护等方面进行分析）等。

论文类如石林的《贵州从江苗族着装习俗》、陈雪英的《贵州雷山西江苗族服饰文化传承与教育功能》、黄玉冰的《西江苗族刺绣的色彩特征》等，分别从着装习俗、服饰文化传承、旅游产品开发、织染和刺绣工艺等角度对苗族民族服饰进行分析和论述。

2．服装史、民族服饰综述类书籍中涉及苗族服饰的研究

如戴平所著《中国民族服装文化研究》（对苗侗女性的服装、佩饰和发式、服饰特点、文化内涵的描写散见于各章节）；段梅所著《东方霓裳——解读中国少数民族服装》（从民族分布、历史源流、服装种类等方面对苗侗服饰进行了描写，并按照湘西、黔东、黔中南、川黔滇、海南等地区的苗族服饰进行了分析）；管彦波所著《文化与艺术：中国少数民族首饰文化研究》（从首饰入手对中国少数民族的首饰文化进行解读，其中有涉及苗族服饰的章节）。此外，华梅教授所著《中国服装史》的第九章“20世纪前半叶少数民族服装”也对20世纪前半叶的苗族服饰进行了简单的介绍。

3．以图片为主要内容的研究资料

（1）国内以图片为主要内容的画册类著作

国内有关苗侗服饰的研究资料中，以图片的形式出现的研究资料也较为丰富，如吴仕忠等编著《中国苗族服饰图志》（以图片为主将苗族服装分为173个种类，并对每个种类有基本的文字介绍，是比较详细和全面的苗族服饰图片资料）；由常沙娜主编《中国织绣服饰全集•少数民族卷（下）》（分区域将中国民族服饰以彩色图片的形式展示出来，有具体服装、服饰的细部展示，也有穿着状态的展示，其中苗族服饰占有相当的比重；民族文化宫编著《中国苗族服饰》（为全彩的大型画册，以图片的形式将苗族服饰分为4个大类23个小类，除了单纯的服饰展示外还有部分生活场景的照片）；杨源主编《中国民族服饰文化图典》（从服饰、头饰、面饰、佩饰、文身、齿饰等方面对中国的民族服饰进行梳理，其中涉及苗族服饰的篇幅较大）；黄邦杰编著《中国少数民族衣饰》、韦荣慧主编的《中华民族服饰文化》也以图片的形式对苗族侗族服饰进行了介绍；在台湾地区，由江碧

贞、方绍能主编《苗族服饰图志——黔东南》（以图片的方式对苗族服饰进行了系统的梳理）。

（2）国内国外联合出版以图片为主的画册类著作

这部分研究成果如20世纪80年代中央民族学院、人民美术出版社和日本的美乃美株式会社携手推出了三个版本的《中国民族服饰》大型画册，计有由中央民族学院和人民美术出版社编辑、美乃美株式会社出版的《Costumes of the Minority People of China》（为全彩画册，选图侧重民族服饰的图案、局部以及花纹）；由中央民族学院和人民美术出版社编辑、美乃美株式会社出版的《中国民族服饰》（前面部分为彩色图片，后面部分为黑白图片配文字说明，黑白图片包括民族服饰佩饰的局部以及人们穿着这些民族服饰的状态）；人民美术出版社编辑、美乃美株式会社出版的《中国民族服饰》（全彩画册，其中包括衣服、裙子、服饰局部等，以平面展开的展示图片为主）。

（3）民族志、民族文化研究专著或论文集中涉及苗族服饰的内容

这部分研究主要包括一些综述的民族风俗志、地方民族志中关于苗族服饰的描写以及一些关于民族文化研究方面的专著或论文中有关苗族服饰的相关内容。毛公宁主编《中国少数民族风俗志》（其中在介绍苗族的有关章节中分别从款式、头饰、银饰等方面对苗侗服饰作了较为详细的介绍）；张建世、杨正文、杨嘉铭所著《西南少数民族民间工艺文化资源保护研究》（以七篇调查报告的资料和成果为基础，对西南少数民族民间工艺文化资源保护研究这一问题进行了系统的研究和探讨，其中第四、第五、第六和第七从服饰工艺、民族服饰商品化和市场化等角度对西南地区的苗族服饰作了较为深入的分析）；《湘西苗族》编写组编写的《湘西苗族》（第四章“风俗习惯”中关于湘西地区服饰的描写）；龙子建等著《湖北苗族》（其中“文化篇”部分“物质文化”一节分析了湖北苗族服饰与湘西、黔东北地区苗族的异同，并将苗族儿童服饰、妇女银饰、妇女服饰进行了研究）；岐从文著《贵州苗族服饰的源流及其形式美》（研究了贵州苗族服饰的源流、贵州苗族服饰的图案演变、苗族服饰图案的形式美三个方面）。

（四）对民族传统服饰及现代民族服饰设计作品的展示

对民族传统服饰及现代民族服饰设计作品的展示，是一种喜闻乐见的形式。通过对民族传统服饰品以及相关的现代民族服饰设计作品的展示，可以使人们更加关注民族服饰及其文化。

相关案例1：《天朝衣冠——故宫博物院藏清代宫廷服饰精品展》

2008年8月至11月，故宫博物院推出《天朝衣冠——故宫博物院藏清代宫廷服饰精品展》，展出故宫博物院馆藏清代宫廷服饰精品数百件，包括康熙、乾隆、光绪等皇帝和后妃们曾经穿过的礼服、吉服、常服、行服及靴帽等服饰品，吸引了大批国内外游客。同时出版图录典藏版、普及版各1种，明信片10种。

相关案例2：《缤纷中国——中国民族民间服饰文化暨中国民间文化遗产抢救工程成果展》

2009年11月12日至21日，由中国文学艺术界联合会、中国民间文艺家协会主办《缤纷中国——中国民族民间服饰文化暨中国民间文化遗产抢救工程成果展》在民族文化宫开幕，除了展出中国56个民族的传统服饰实物外，主办方还邀请了苗族、蒙古族、壮族、汉族等民族的传统服饰工艺传承人进行现场表演，取得了良好的宣传和普及效果。

图7-3-5　成果展中穿着自己民族服饰的传统服饰工艺传承人（2009年摄）

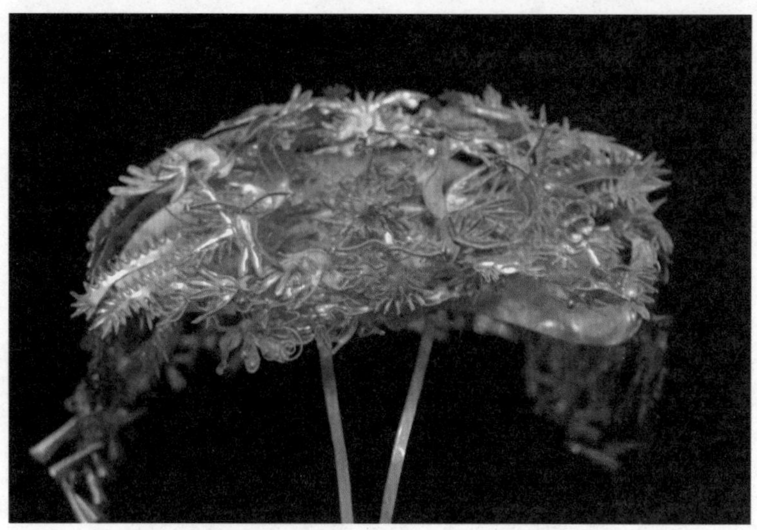

图7-3-6 成果展中苗族银饰传承人制作的精美银饰（2009年摄）

相关案例3：《华妆风姿——中国百年旗袍展》

2012年3月12日至3月27日，中国丝绸博物馆、中国妇女儿童博物馆联合主办的《华妆风姿——中国百年旗袍展》在中国妇女儿童博物馆展出，此展览从旗袍的文化背景、款式变奏、时代特征，以及旗袍的面料品种、制作工艺、图案风格等诸多方面对这个主题进行诠释。展览共分为五个单元："推陈出新——旗袍的起源"；"历久弥新——旗袍的流变"；"中西合璧——旗袍的新语"；"妙手天成——旗袍的工艺"；"风华永恒——旗袍的今天"。

展览展出的既有中国丝绸博物馆收藏的百余件近百年来的旗袍，以及与旗袍相关的老照片、广告画、生活用品，也有20世纪下半叶世界各地华人女性的旗袍，既有国内设计师郭培、梁子、祁刚、吴海燕等当代设计师的旗袍设计作品，也有国内一些时装公司和影视设计的现代旗袍。所展出的120余件旗袍，其时间跨度从20世纪30年代的传统改良旗袍到20世纪60年代、70年代以来一些名流捐赠的自己所穿的旗袍，到现代的中国设计师以民国时期改良旗袍为元素进行设计的时尚旗袍。民国时期的旗袍婉约秀丽、捐赠的旗袍大气实穿，而现代设计师用不同的设计元素所进行的现代旗袍设计，则将这种特定历史时期民族传统服饰与时尚结合的优秀范例以时尚的设计语言进行了现代的诠释。一些时尚

图7-3-7 NE• TIGER时装有限公司现代旗袍设计

图7-3-8 时尚旗袍设计

旗袍设计吸引了不少观众的目光，如以色彩和纹样结合，用喜庆的红色、传统的“喜”字和剪纸元素所做的超短旗袍（如图4-2-2），再如吴海燕、郭培等设计师将传统祥瑞纹样和中国传统文化元素（山水画）运用到服装上，或是进行面料再造，将平面的花朵与立体的花朵结合的长托尾礼服旗袍等。

（五）各级博物馆、展览馆等机构对民族传统服饰的收藏

国家级和各省市地县区民族博物馆，对民族传统服饰的收藏与保护具有积极的促进作用。过去，大中型综合博物馆占中国博物馆的绝大部分，近年来，一些专题性的博物馆渐渐走进人们的视野。笔者认为，专题性质的民族服饰博物馆无论在数量上还是规模上都有巨大的提升空间。以下几个案例是专门以民族服饰作为主题或主要展览内容的博物馆，它们当中既有省级的博物馆（如云南民族博物馆），也有大专院校的校属博物馆（如中央民族大学民族博物馆、北京服装学院民族服饰博物馆）；既有民族

图7-3-9 云南民族博物馆藏品局部（2009年摄）

地区县政府和镇政府投资兴建的博物馆（如雷山苗族银饰刺绣博物馆、西江苗族博物馆），也有民办的博物馆（贵州民族民俗博物馆）。

相关案例1：云南民族博物馆

云南民族博物馆位于昆明滇池旅游区内，占地面积13.33万平方米，展区建筑面积约3万平方米，内有16个展室，为国家一级博物馆。展厅一楼有民族服饰与制作工艺厅以及中国民族服饰艺术厅。其中专题展览“云南少数民族服饰”体现了云南各民族丰富多彩的服饰文化和纺织、印染、刺绣等传统手工工艺。专题展览“中国民族服饰艺术”以西南、东南、东北、西北为单元集中展示了全国55个少数民族的衣饰风采，使云南民族博物馆成为全国范围内民族服饰收藏较为集中、较为全面的专门机构。

相关案例2：中央民族大学民族博物馆

中央民族大学民族博物馆为一座综合性民族学博物馆，于1952年成立，坐落于北京中央民族大学院内，建筑面积1200平方米，展厅面积500平方米，馆内收藏有各少数民族的文物、文献典籍、服装、生产工具等共14大类3万余件。关于服装的展厅有两个：一是北方民族服饰文化厅，展出汉、满、蒙古、朝鲜、鄂伦春、鄂温克、赫哲、回、土、裕固、维吾尔、哈萨克、乌孜别克等民族的传统服装、首饰、冠帽、鞋靴、手套等。二是南方民族

图7-3-10 雷山苗族银饰刺绣博物馆（2012年摄）

服饰文化厅展出藏、门巴、珞巴、彝、哈尼、拉祜、纳西、白、傣、傈僳、怒、独龙、佤、德昂、布朗、基诺、苗、布依、侗、水、壮、瑶、土家、黎、畲、高山等民族的传统服装、首饰、鞋、织锦及刺绣工艺品等。

相关案例3：北京服装学院民族服饰博物馆

北京服装学院民族服饰博物馆于1999年成立，坐落于北京服装学院院内，展厅面积1600平方米，设有综合服饰厅、苗族服饰厅、金工首饰厅、织锦刺绣蜡染厅、图片厅五个主要展厅。馆内收藏有民族服装、织物、绣品、蜡染和银饰等传统民族文物1万余件，综合服饰厅收藏各民族服装4000余；苗族服饰厅收藏苗族百余个支系的服饰1000余件；金工首饰厅收藏有蒙古、藏、苗、瑶、侗、维吾尔等民族的金工首饰，有巴尔虎蒙古族银冠、汉族银头钗、满族银鎏金耳饰等；织锦、刺绣、蜡染厅收藏八大织锦及蜡染、织品1000余件；图片厅收藏彝族、藏族、羌族服饰图片近千幅。博物馆曾举办《银装盛彩——中国民族服饰展》、《百年时尚——中国衣饰展》等展览。

相关案例4：雷山苗族银饰刺绣博物馆

雷山苗族银饰刺绣博物馆于2010年11月成立，坐落于贵州省雷山县县城，占地面积3000多平方米，建筑面积1000多平方米。馆内分为五个主厅、一个序厅和一个副厅，分别是：序厅、历史

图7-3-11 西江苗族博物馆服饰藏品（2012年摄）

图7-3-12 西江苗族博物馆服饰厅讲解员讲解当地苗族服饰（2012年摄）

厅、服饰厅、银饰厅和互动演示厅。馆内收藏苗族银饰、刺绣、织锦等文物3000余件，主要来源于贵州、云南、广西、湖南、湖北、重庆、四川等地。

相关案例5：西江苗族博物馆

西江苗族博物馆坐落于贵州省雷山县西江镇古街中段，于2008年9月28日正式开馆，面积1700平方米，博物馆由苗族历史文化厅、歌舞艺术厅、服饰与银饰厅、生活习俗厅、生产习俗厅、建筑艺术厅等11个厅(室)组成。服饰与银饰厅主要展览苗族女性服饰品，博物馆现藏有西江苗族的三十多套盛装，绝大部分为苗族女性服饰，图案精美、品相完好，是本地服饰的精品。

相关案例6：贵州民族民俗博物馆

贵州民族民俗博物馆坐落于贵阳白云公园绿漪湖畔，为三层仿古建筑，内有7个展厅。一楼展示了苗族、布依族、侗族等少数民族服饰，包括贵州施洞“破线绣”服饰及月亮山型蜡染“牯脏衣”等苗绣服饰品。二楼展出的是贵州黔东南苗族银饰。三楼设置了互动区。有织布机、纺车等服饰制作工具，使游客可以亲自体会民族传统服饰制作工艺。

民族服饰类的博物馆是一个介绍、展示、宣传民族服饰的重要窗口。2012年6月30日，我们带领中央民族大学美术学院服装系2010级的4个下乡调查小组来参观雷山苗族银饰刺绣博物馆，并采访了博物馆的解说员龙秋菊（女，苗族，32岁），以下是根据对她的采访记录整理出来的文字。

图7-3-13　贵州民族民俗博物馆藏品（2011年摄）

图7-3-14　调查小组第一组采访龙秋菊（2012年摄）

关于雷山苗族银饰刺绣博物馆。据龙秋菊介绍这个博物馆是政府斥资修建的，于2010年11月9日正式开馆。博物馆目前只有部分展区开放。这些藏品大多都是从当地老百姓手中收购的。因为古代的绣品是保留不了很长时间的，而且有很多古时绣品也是随葬品，所以不是很容易收集，目前的老绣品以20世纪五六十年代的绣品为多。

关于雷山县的银饰。现在雷山地区的银饰在纹样上受汉族文化影响很深，工艺也越来越精细。原来此地区苗族银饰所用的银大多是从货币中提取的，而现在的银要比原来的银纯度高。当地人对银铸造工艺是非常讲究的，家里有小孩一出生，父母就要积攒相当的银子来为孩子铸打银饰。这里的首饰以银为主，如头饰、颈饰等，银饰的多寡与家庭富裕程度有关，富裕的家庭有能力为女儿打造更多的银饰，这也是一种展示个人财富的象征。

关于雷山县苗族服饰的差异。地域因素不是苗族服饰差异形成的唯一因素，如大塘乡的短裙苗寨离丹江镇很近，只有十几公里，可是服饰差别却很大。

（六）建立民族传统服饰遗产数据库

民族传统服饰数据库的建立是一项庞杂的工作，包括文字资料、图片资料和影音资料三方面内容，但其意义重大。

文字资料方面主要涉及对各民族传统服饰的分类描述，包括具体款式（男装、女装、童装）、服装搭配、配饰组合、用色习惯、板型特点。

图片资料主要包括对各民族传统服饰形象（包括整套服饰以及每套服饰的各个组成部分）的记录，包括单纯的实物形象记录以及对这些服饰的穿着状态的记录，如请当地本民族的穿着者按照传统的穿着方式进行穿戴等。

对民族传统服饰进行影像手段的记录是十分必要的，对各民族特有的服饰以及服饰制作技艺进行系统的影像记录是一种利用传承的有效方式。在传统的以文字进行描述的基础上，影像记录这种手段在近年来被越来越多地应用，如纪录片《赫哲族的鱼皮衣》记录了赫哲族为数不多的会制作鱼皮衣的妇女，对鱼皮衣的完整的制作过程，具有较高的研究价值。

二、现代民族服饰发展的可行性途径

时代在向前发展，民族传统服饰也被赋予新的形象和意义，其发展的问题也是今天人们关注的热点，民族传统服饰文化以其璀璨的外观与深刻的内涵吸引着人们的目光。

然而发展的情况是怎样的？如果我们对此进行调查就会发现结果并不尽如人意，消极的发展并不鲜见。这主要可以分为两种：一是民族服饰的庸俗化；二是民族服饰的符号化。如满族的旗袍。旗袍，准确地说是改良旗袍，这是最能代表中国女性神韵的一种服饰，被称为国服，它是中国民族传统服装款式（满族服饰）和西方的立体裁剪（三维构架）相结合成功的典范，而今天却成为宾馆、饭店服务人员的“工作服”。后者如一些旅游景点工作人员所穿民族服装，刺绣粗陋、做工粗糙，穿戴民族传统服装搭配现代的鞋子或时尚的配饰，这种现象比比皆是，使民族传统服饰失去了传统的味道，成为服务于旅游的一种消极文化符号，这样的发展已经脱离它应有的发展轨迹。

（一）发展的原则与方向

1. 发展的目的与原则

那么发展的目的究竟是什么？文化是向前发展的，文化的变迁有着它不可改变的趋向，民族传统服饰是美丽的，其文化内涵是丰厚的，但它们不能停留在“历史”里，在今天的时代背景下将其为我们所用，这才是我们开发的目的。此外，对民族传统服饰的发展应该尊循对其物质与非物质两个侧面的尊重为原则。

2. 发展的方向与准则

人类学家认为文化的变迁是一切文化的永存现象、人类文明的恒久因素，文化的均衡是相对的，而变化发展是绝对的。巴尼特(H. G. Barnett) 著于1953年的《创新：文化变迁的基础》一书被认为是研究文化变迁的重要著作，书中阐述了创新是所有文化变迁基础的观点。时代在前进，对民族传统服饰的开发也要与时俱进。

民族传统服饰遗产的发展应该有它正确的方向与准则。首先应坚持促进其良性发展与循环的方向。如某些服装公司对民族传统服饰的“开发”名为“开发”实为“破坏”，他们将一些民族服饰的局部（如绣片）分裁后缝缀到服装的领部、胸部、袖部等部位。

民族传统服饰数量繁多，但随着时代的进步和生活方式、生活观念的改变，大部分已经退出历史的舞台，很多专门的传统技艺也趋于湮灭，因此这些服饰终有一天也会穷尽。对民族传统服饰进行破坏并重新制成一件淘汰率极高的“时装”，这种行为无异于“涸泽而渔、焚林而猎”，不符合良性循环的开发方向。

其次，民族传统服饰遗产发展应该遵循一定的准则，笔者认为主要有以下两点：一是兼顾社会效益和经济效益。片面追求社会效益，则缺乏利益驱动力；片面追求经济效益，则失去社会效益的价值与内涵。二是重视其内在而不是表象，应探究其内在的文化内涵，而不是将其符号化、庸俗化。

3. 发展成功的标准界定

对民族传统服饰遗产的开发是否成功的界定标准主要从三个层面来考虑：一是，是否符合时代的要求和社会的需求；二是，是否在保护的基础上促进了它的发展；三是，是否取得了良好的经济效益和社会效益。

（二）对民族服饰的设计、开发和运用

民族传统服饰从基本的穿着场合划分，可以分为日常穿的便装以及在节日、婚礼等特殊场合穿着的盛装。而根据更加细化的穿着目的，盛装又可以分为盛装和二等盛装，便装也可以分为头等便装和便装两种。盛装是所有服装中最好的一种，主要以制作

及刺绣等工艺手段所花费的时间以及技艺的优劣来衡量。一般来讲，大部分民族的盛装都包括了刺绣、贴花、挑花、贴花、镶嵌等复杂的工艺手段，费时费工，所花费的人力、财力和物力都非比寻常。民族传统服饰的发展有着它特定的时代背景与社会经济文化条件，在这样的背景和条件下，妇女花费几个月或者几年的时间制作一件衣服都是正常不过的事情，因此很多图案与纹样都是非常繁复与精致的，其中很多带给我们的都是外向而直观的视觉冲击。时尚服饰一般都较为简洁，更注重含蓄与内敛的韵味。因此，对民族传统服饰的开发、推广与策划必须遵循可操作性的原则。

1. 关于民族传统服饰成衣化生产和高级定制

（1）成衣[①]化生产

成衣是现代人生活中必不可少的部分，它的优点在于可以批量生产，价格较定制服装要便宜很多。对民族传统服饰进行成衣设计主要可以从民族元素的角度入手，如盛装的图案、颜色等。

民族传统服饰是每个民族历史与文化的产物，它的美丽人所共见，但不可否认的是它的一些款式、图案纹样与制作方式等层面并不适合现代社会快节奏的生活方式。因此对其进行再设计并进行成衣化的生产就非常有必要了。对民族传统服饰的创新设计主要包括以下几个层面：一是款式设计的角度，将繁复的盛装款式简洁化、便捷化，如前文所述苗族盛装款式组成复杂，配饰繁

图7-3-15 成衣化生产的民族服饰（2011年摄）

①成衣作为近代服装工业中的一个专业概念，指的是服装企业按照标准号型成批量生产的成品的服装。从20世纪六七十年代以来，成衣就成为现代服装产业中最为关键的概念之一。

多，这并不符合现代生活节奏；二是工艺设计的角度，完成从手工到机器的转变，成为人们日常穿着的衣服；三是图案纹样设计的角度，与现代元素相结合，增加时尚元素和现代感，更适合现代人的审美趣味。

（2）民族传统盛装与高级定制

对民族传统服饰中的女性盛装进行高级定制的设计也是对民族服饰的设计、开发和运用的有效手段。高级定制是针对个体服用者和具体的情境进行服装设计和制作的一种服装类型。它针对性强，从面料的选择、款式的设计到制作方面都有着较高的要求。它与民族传统女性盛装在许多层面上具有着相似性。

其一，两者都是在较为正式甚至隆重的场合中穿用。民族传统女性盛装一般只在重大节日和婚礼等场合穿用。高级定制服装多为礼服，也是拥有者在重要的宴会、颁奖典礼或婚礼上穿用。

其二，两者都是手工缝制，工业化的机器生产对于民族服饰来讲，只是近十多年来的事情，而民族传统女性盛装一直以来都是由心灵手巧的民族妇女手工缝制并代代相传。高级定制服装的一个重要的标志就是手工缝制比重大，这里的手工缝制既包括将各个衣片缝合在一起，更包括衣服上的绣、镶、钉、绲等诸多工艺的手工制作。所用的时间完全可以与苗族盛装所花费的时间相媲美。

其三，两者的工艺要求都很高。高级定制服装对工艺的要求非常高，技师都是有着十数年工作经验的专业人士。经常会出现一件女装晚礼服需要数种刺绣方法数百个工时的手工制作。而民族传统女性盛装是将本民族的服饰工艺经过千百年来的优胜劣汰流传下来的，其精细程度也达到了一定的高度。

高级定制的特点在于顶级的运作理念（包括时间成本、人工成本、服务成本、材料成本、工艺成本都很高昂）、针对个体受众、手工制作比重大、设计含量高，这些都与民族传统女性盛装有着很多的契合点。

2．民族传统服饰舞台表演化设计

中国民族有许多的节日，仅以苗族为例，就有“牯藏节”、“龙舟节”、“四月八”、“赶秋会”、“吃姐妹饭节”、“清明歌会”、“跳年节”、“杀鱼节”等，有些节日中有很多舞台表演的环节，人们一般都穿着本民族的传统服饰进行表演，随着时代的前进和交流的增加，对这些表演服饰进行现代设计既使之贴近了现代的需求，又是对民族服饰文化的发展。

3. 民族服饰产品设计

从设计角度来讲，从民族传统服饰的色彩、配饰、材料、搭配、细节、造型等方面入手，对其进行深入的研究，能为现代的服装设计提供养分与启发。2006年，“开磷杯•多彩贵州旅游商品”两赛一会上，从江县利用侗、苗、壮、瑶、水等民族刺绣技法的“千人绣”作品“风情从江，和谐天堂”，获得了黔东南州旅游商品设计大赛一等奖，对贵州省的民族刺绣工艺进行了很好的宣传。

（三）民族服饰的文化策划与包装

举办服装设计大赛是一个非常好的推广方式。一般来讲，服装设计大赛根据一定的主题（创意服装设计、婚纱设计、泳装设计）由企业或公司冠名，既推广了设计主题，又扩大了企业或公司的知名度。

1. 对民族传统服饰及技艺进行品牌化包装

对民族传统服饰及技艺进行品牌化包装主要包括媒体推广、大众宣传、视觉促销[①]等途径。首先，现代社会的一大特征就在于媒体巨大的推广力量，这种力量可以使普通的人变得出名，使普通的商品增加几倍的附加值。其次，大众宣传对民族传统服饰文化及技艺推广意义重大。现代社会物质极大丰富，人们可选择的范围广，想要推广民族传统服饰就要使更多的人知道它、了解它，进而喜爱它、想要拥有它（主要是“它”的改良设计作品），这样才能有更多的潜在消费者。对民族传统服饰及技艺的视觉促销包括对它的外观设计、包装、排列、品牌形象等一系列

图7-3-16 蜡染的家用装饰品（2012年摄）

①视觉促销（VMD）是通过对产品形象以及产品陈列的设计，创造出独特的销售氛围，向顾客传达产品信息、服务理念和品牌风格，从而促进产品销售、树立品牌形象的活动。

相关元素的设计。

2．相关项目的合作和引进

笔者在从江县进行田野调查时，当地的旅游局周局长向笔者谈到一个问题：一些具有原生态旅游资源的民族地区急需打造当地的旅游文化品牌，这其中就包含了对当地具有代表性的民族传统服饰（尤其是女性服饰）进行现代设计。这种设计既需要加入市场化、时尚化元素，又不能丧失本民族的服饰文化特色，需要专业的团队进行从理念到实物的设计，因此与民族服饰相关的项目很多，但问题在于他们不知道从哪里去找专业的人士进行合作，而笔者所采访的一些民族院校的服装设计专业的老师以及一些民族服饰文化专家们需要这样的实践机会，却不知道哪里需要他们的策划、参与和设计。这不能不说是一个遗憾，将两者顺利、有效地对接，对于民族传统服饰的发展具有很积极的意义，值得我们重视。

（四）对大中专院校民族服饰设计人才的培养

将民族服饰及民族服饰元素作为设计点，运用到对大中专院校服装设计类学生的培养中，是当代民族服饰发展的可行性途径之一。综观国际时尚舞台及国内外多项时装设计大赛，将民族元素运用其中是一个永恒不变的主题，也是凸显个性设计思路的手法之一。在这方面，一些大专院校做了很多有益的尝试。

图7-3-17 “鸿”品牌民族服饰品店（2012年摄）

相关案例1：中央民族大学美术学院服装系民族服饰设计人才的培养

中央民族大学美术学院服装系自建系以来，就将民族传统服饰与时尚相结合作为教学的立足点之一。也是在这样的指导思路之下，每一届学生的毕业作品都是围绕着“民族　时尚　创新”这一主题。

在本科的课程设置上，在民族服饰总体设计、服装色彩设计、舞台设计、图案设计、传统服装设计等课程中将民族元素植入其中，努力找寻民族与时尚的最佳结合点。

中央民族大学美术学院服装系每届学生大二时会在专业老师的带领下，深入民族地区进行实地采风，感受民族文化、启发设计灵感、收集设计资料，并在回京后举办专门的下乡实习采风站，取得良好收效。

此外，学生们以民族服饰元素为灵感积极参赛，在国内外服装设计比赛中入围，并得到金奖、银奖、铜奖、优秀奖以及各种单项奖数十项。许多已毕业的学生也继续将这种民族与时尚相结合的设计思路带到服装品牌的设计中去。

图7-3-18　民族元素设计作品之一（设计者：刘雨霏　指导教师：周梦　摄影：李光）

图7-3-19　民族元素设计作品之二（设计者：熊丽　指导教师：周梦　摄影：李光）

图7-3-20 2012国际植物染艺术设计大赛中展示的贵州苗族蜡染作品（2012年摄）

相关案例2：清华大学《2012国际植物染艺术设计大赛——传承与创新》大赛

2012年3月26日，由清华大学美术学院主办的《2012国际植物染艺术设计大赛——传承与创新》与《第十二届全国纺织品设计大赛暨国际理论研讨会》在清华大学美术学院拉开帷幕。大赛以传统纺织文化为切入点，以“上善若水”为大赛的宗旨，理论研讨会以“纺织品的天然植物染”作为主题词，倡导科学发展观，提倡自然、环保、人文。

来自国内22所高校和国外多所高校的师生以及国内外多所纺织研究机构参与了此次交流活动。其中来自贵州地区利用天然植物蓝靛进行染色的作品非常引人注目，这些作品展示了贵州的蜡染面料和传统服饰，以及在此基础上所进行的利用民族面料或民族元素进行的现代服装设计。

结 语

“胡服”中的“胡”是一个流动的概念。“胡”是相对于中原地区而言，以北方民族为主的一个统称。首先我们要清楚的这个“胡”是一个庞杂的概念：“匈奴、羯、氐、羌、鲜卑，史称‘五胡’。至于乌桓，原与鲜卑同为东胡；丁零（高车、敕勒），与鲜卑、匈奴有着千丝万缕的联系；其他杂胡，不是出于匈奴或匈奴别部，就是出于鲜卑。他们虽名不列五胡，但都属广义上的五胡的范畴。”①除此之外，“五胡是秦汉至隋唐八百年间我国北境和西北境最主要的民族。其内迁的部分，都与汉族融合，为伟大的多元一体格局的中华民族的形成做出了杰出的贡献。”②因此这个“胡”指的是不同的多个民族。

那么古籍中对“胡服”一词是如何解读的呢？《朱子语类》卷九一云：“今世之服，大抵皆胡服，如上领衫、靴、鞋之类，先王冠服扫地尽矣。中国衣冠之乱，自晋五胡后来遂相承袭，唐接隋、隋接周，周接元魏，大抵皆胡服。”沈括在《梦溪笔谈》中有如下语句：“中国衣冠，自北齐以来，乃全用胡服。窄袖绯绿，短衣，长靿靴，有蹀躞带。皆胡服也。窄袖利于驰射，短衣长靿，皆便于涉草。胡人乐茂草，常寝处其闲，予使北时皆见之，虽王庭亦在深荐中。予至胡庭日，新雨过，涉草，衣袴皆濡，唯胡人都无所沾。带衣所垂蹀躞，盖欲佩带弓剑、帉帨、算囊、刀砺之类。自后虽去蹀躞，而犹存其环，环所以衔蹀躞，如马之秋根，即今之带銙也。”③《旧唐书•舆服志》称：“燕服，盖古之亵服也，今谓之常服。江南则从巾褐裙襦，北朝则杂以戎夷之制。”

中国历史的前行是伴随着各民族之间的相互融合而发展的，“杂胡化是民族迁徙、民族混居的必然现象，又因战乱加速其进

①陈琳国：《中古北方民族史探》，商务印书馆，2010年，第1页。

②陈琳国：《中古北方民族史探》，商务印书馆，2010年，第1页。

③［宋］沈括撰，胡道静校证：《梦溪笔谈校正》，中华书局，1957年，第21页。

程，它顺应了民族融合的发展趋势。”[①]而在不同的时代有着不同时代的民族服饰融合，其中与以汉族为主导的中原地区服饰相互影响的民族在不同的时期不尽相同，如在魏晋南北朝时期以鲜卑族为主，唐代以西域为主，宋代以契丹、女贞为主，元代以蒙古族为主，清代以满族为主等。因此，可以说“胡服”是一个流动的概念。

服装最基本的作用在于对身体的保护，《释名•释衣服》中对“衣”和“裳”是这样解释的：“上曰衣，衣，依也，人所依以庇寒暑也；下曰裳，裳，障也，所以自障蔽也。”在此基础之上才有装饰的需求，接着才有“辨等威、昭品秩”，《白虎通义》卷下“衣裳”条:“圣人所以制衣服， 如以为絺紘蔽形， 表德劝善， 别尊卑也。”更甚者，服饰在特定的历史时期也是阶级统治的工具。从穿着环境入手，在战争和民族交流活跃时期，民族服饰之间的融合还是不同民族之间对对方文化认同的一种表现。此外，如果从穿衣者的心理入手，服饰还有着追随流行以获得认同的功能，而这些，都在历史上六次民族服饰融合上有着体现。这些体现多是多种因素共同作用的结果，不同之处在于，在不同的时期，处于主导地位的因素各不相同。

研究了历史上具有代表性的民族服饰变迁与融合之后，让我们把视角转到现代。随着时代的发展，民族服饰的变迁与融合也开始具有了新时代的特色，主要包括三点特征，即民族民间服饰中的相互影响，民族服饰受汉族服饰的影响以及受外来文化的影响。这可以称得上是第七次民族服饰的变迁与融合。

如果以普遍意义上的时尚概念来评判的话，民族传统服饰似乎“不是”那么时尚，[②]于是乎，这些手工的、包含着深厚民族文化与艺术魅力的服饰渐渐被机器大批量生产的西式时装所取代，除了观念上的因素，还有经济因素、人力因素、生活方式的改变等诸多影响因素。这些变化是时代发展的产物，也是不可逆转的趋势。因此，找寻现代民族服饰保护、传承与发展的可行性途径就变得尤为重要，这也正是当今时代对中国民族服饰变迁、融合与创新的新课题。

①陈琳国：《中古北方民族史探》，商务印书馆，2010年，第87页。

②这其实是一个伪命题，当今时尚舞台上利用民族传统服饰元素的设计屡屡引来人们惊艳的目光，但对于相当一部分消费者来说，民族传统服饰就意味着“过时”。

参考书目

一、古籍

1. 《论语》。
2. 《诗经》。
3. 《礼记》。
4. 《周礼》。
5. 《仪礼》。
6. 《公羊传》。
7. 《谷梁传》。
8. 《荀子》。
9. 《管子》。
10. [汉]司马迁：《史记》。
11. [汉]刘向：《战国策》。
12. [汉]刘熙：《释名》。
13. [晋]陆翙：《邺中记》。
14. [晋]干宝：《搜神记》。
15. [北魏]郦道元：《水经注》。
16. [北齐]魏收：《魏书》。
17. [南朝宋]范晔：《后汉书》。
18. [唐]房玄龄:《晋书》。
19. [唐]魏征：《隋书》。
20. [唐]长孙无忌：《唐律疏议》。
21. [唐]李林甫：《唐六典》。
22. [唐]杜佑：《通典》。
23. [唐]姚汝能：《安禄山事迹》。
24. [唐]刘肃：《大唐新语》。
25. [唐]张鷟：《朝野佥载》。
26. [后唐]马缟：《中华古今注》。
27. [后晋]刘昫：《旧唐书》。
28. [宋]王溥：《唐会要》。
29. [宋]宋祁：《新唐书》。
30. [宋]王若钦：《册府元龟》。

31. [宋]薛居正：《旧五代史》。
32. [宋]沈括：《梦溪笔谈》。
33. [宋]马端临：《文献通考》。
34. [宋]司马光：《资治通鉴》。
35. [宋]李昉：《太平广记》。
36. [宋]陈元靓：《事林广记（元至顺刻本）》。
37. [宋]彭大雅：《黑鞑事略》。
38. [宋]李心传：《建炎以来系年要录》。
39. [南宋]孟珙：《蒙鞑备录》。
40. [宋]徐梦莘：《三朝北盟会编》。
41. [宋]范成大：《揽辔录》。
42. [金]佚名：《大金吊伐录》。
43. [元]脱脱：《金史》。
44. [宋]庄绰：《鸡肋编》。
45. [宋]朱彧：《萍洲可谈》。
46. [金]宇文懋昭：《大金国志》。
47. [元]脱脱：《辽史》。
48. [元]佚名：《大元圣政国朝典章》。
49. [元]李志常：《长春真人西游记》。
50. [明]叶子奇：《草木子》。
51. [明]宋濂：《元史》。
52. [明]何良俊：《四友斋丛说》。
53. [明]刘若愚：《酌中志》。
54. [明]王世贞：《觚不觚录》。
55. [明]沈德符：《万历野获编》。
56. [明]李时珍：《本草纲目》。
57. [清]董诰：《全唐文》。
58. [清]厉鹗：《辽史拾遗》。
59. [清]瞿中溶：《汉武梁祠画像考》。
60. [清]计六奇：《明季南略》。
61. [清]蒋良骐：《东华录》。
62. [清]方玉润：《诗经原始》。
63. [清]陈元龙：《格致镜原》。
64. [清]佚名：《研堂见闻杂记》。
65. [清]韩菼:《江阴城守记》。
66. [清]戴名世：《画网巾先生传》。
67. [清]夏仁虎：《旧京琐记》。
68. [清]李斗：《扬州画舫录》。
69. [清]康有为：《请断发易服改元折》。
70. [清]《清实录》。
71. [清]《奏定学堂章程》。

二、著作

72. 上海信托股份有限公司编辑部：《上海风土集记》，东方文化书局，1930年。
73. 陈寅恪：《唐代政治史述论稿》，商务印书馆，1943年。

74.　尹世积：《尚书集解》，商务印书馆，1957年。
75.　胡道静：《梦溪笔谈校正》，中华书局，1957年。
76.　尹世积：《尚书集解》，商务印书馆，1957年。
77.　中国社会科学院考古研究所：《庙底沟与三里桥》，科学出版社，1959年。
78.　徐旭生：《中国古史的传说时代》，文物出版社，1961年。
79.　赵尔巽：《清史稿》，中华书局，1976年。
80.　申中一：《建州纪程图记校注》，辽宁大学历史系印本，1978年。
81.　中国社会科学院考古研究所：《殷墟妇好墓》，文物出版社，1980年。
82.　杨伯峻：《春秋左传注》，中华书局，1981年。
83.　蔡鸿源、孙必有：《临时政府公报》（第一辑），江苏人民出版社，1981年。
84.　吕思勉：《先秦史》，上海古籍出版社，1982年。
85.　中国社会科学院考古研究所、河北省文物管理处：《满城汉墓发掘报告》（上），文物出版社，1980年。
86.　熊梦祥：《析津志辑佚》，北京古籍出版社，1983年。
87.　[英]道森著，吕浦译，周良霄注：《出使蒙古记》，中国社会科学出版社，1983年。
88.　徐珂：《清稗类钞》，中华书局，1984年。
89.　周锡保：《中国古代服饰史》，中国戏剧出版社，1984年。
90.　吕思勉：《隋唐五代史》，上海古籍出版社，1984年。
91.　叶朗：《中国美学史大纲》，上海人民出版社，1985年。
92.　湖北省荆州地区博物馆：《江陵马山一号楚墓》，文物出版社，1985年。
93.　陈汉平：《西周册命制度研究》，学林出版社，1986年。
94.　河南省文物研究所：《信阳楚墓》，文物出版社，1986年。
95.　盖山林：《阴山岩画》，文物出版社，1986年。
96.　钱玄：《三礼名物通释》，江苏古籍出版社，1987年。
97.　王玉哲：《中国古代物质文化》，高等教育出版社，1990年。
98.　管世光：《唐人大有胡气——异域文化与风气在唐代的传播与影响》，农村读物出版社，1992年。
99.　张静如、刘志强：《北洋军阀统治时期中国社会之变迁》，中国人民大学出版社，1992年。
100.　山西省考古研究所：《侯马铸铜遗址》，文物出版社，1993年。
101.　黄能馥、陈娟娟：《中国服饰史》，中国旅游出版社，1995年。
102.　[法]谢和耐著，刘东译：《蒙元入侵前夜的中国日常生活》，江苏人民出版社，1995年。
103.　华梅：《人类服饰文化学》，天津人民出版社，1995年。
104.　栾丰实：《东夷考古》，山东大学出版社，1996年。
105.　新疆文物考古研究所：《新疆文物考古新收获》（续），新疆人民出版社，1997年。
106.　赵之恒：《大清十朝圣训》，北京燕山出版社，1998年。
107.　洛阳市文物工作队：《洛阳北窑西周墓》，文物出版社，1999年。
108.　宋德金、史金波：《中国风俗通史•辽金西夏卷》，上海文艺出版社，2001年。
109.　陕西历史博物馆：《唐墓壁画研究文集》，三秦出版社，2001年。
110.　向达：《唐代长安与西域文明》，河北教育出版社，2001年。
111.　张爱玲：《张爱玲作品集》，北岳文艺出版社，2001年。
112.　沈从文：《中国古代服饰研究》，上海书店出版社，2002年。
113.　杨炳炎：《旧京警世画报：晚清市井百态》，中国文联出版社，2002年。
114.　[法]安克强：《上海妓女——19—20世纪中国的卖淫与性》，上海古籍出版社，2004年。
115.　沈从文：《中国古代服饰研究》，上海书店出版社，2005年。
116.　顾颉刚、刘起釪：《尚书校释译论》（第二册），中华书局，2005年。

117. 浙江省文物考古研究所：《良渚遗址群》，文物出版社，2005年。
118. 管彦波：《中国西南民族社会生活史》，黑龙江人民出版社，2005年。
119. 吕思勉：《两晋南北朝史》，上海古籍出版社，2005年。
120. 袁仄：《中国服装史》，中国纺织出版社，2005年。
121. 陕西省考古研究所：《唐李宪墓发掘报告》，科学出版社，2005年。
122. 华梅：《中国服装史》，中国纺织出版社，2007年。
123. 曹聚仁：《上海春秋》，生活·读书·新知三联书店，2007年。
124. 祁小山、王博：《丝绸之路·新疆古代文化》，新疆人民出版社，2008年。
125. 华梅、周梦：《服装概论》，中国纺织出版社，2009年。
126. 张庆捷：《胡商胡腾舞与入华中亚人——解读虞宏墓》，北岳文艺出版社，2010年。
127. 宋镇豪：《商代社会生活与礼俗》，中国社会科学出版社，2010年。
128. 陈琳国：《中古北方民族史探》，商务印书馆，2010年。
129. 袁仄、胡月：《百年衣裳》，生活·读书·新知三联书店，2010年。
130. 邱瑞中：《燕行录研究》，广西师范大学出版社，2010年。
131. 吴浩然：《老上海女子风情画》，齐鲁书社，2010年。
132. 李永强：《洛阳出土丝绸之路文物》，河南美术出版社，2011年。
133. 周梦：《传统与时尚——中西服饰风格解读》，生活·读书·新知三联书店，2011年。
134. 陈巨来：《安持人物琐忆》，上海书画出版社，2011年。
135. 张邦梅：《小脚与西服——张幼仪与徐志摩的家变》，黄山书社，2011年。
136. 周梦：《黔东南苗族侗族女性服饰文化比较研究》，中国社会科学出版社，2011年。

三、论文

137. 王国维：《胡服考》，《观堂辑林》，中华书局，1956年。
138. 傅永魁：《洛阳东郊西周墓发掘简报》，载《考古》1959年第4期。
139. 江西省博物馆：《江西南昌晋墓》，载《考古》1974年第6期。
140. 田广金：《桃红巴拉的匈奴墓》，载《考古学报》1976年第1期。
141. 尚衍斌：《外来文化对古代西域服饰的影响》，载《喀什师范学院学报》1996年第1期。
142. 许新国：《都兰吐蕃墓出土含绶鸟织锦研究》，载《中国藏学》1996年第1期。
143. 南京博物院：《江苏吴县草鞋山遗址》，载《文物资料丛刊》（第三辑），文物出版社，1980年。
144. 高凯：《从性比例失调看北魏时期拓跋鲜卑与汉族的民族融合》，载《史学理论研究》2000年第2期。
145. 陈海涛：《初盛唐时期入华粟特人的入仕途径》，载《文献季刊》2001年第2期。
146. 陈寅恪：《李唐氏族之推测后记》，《金明馆丛稿二编》，生活·读书·新知三联书店，2001年。
147. 卞向阳：《论晚清上海服饰时尚》，载《东华大学学报》（自然科学版）2001年第5期。
148. 陈尚胜：《明清时代的朝鲜使节与中国记闻——兼论“朝天录”和“燕行录”的资料价值》，载《海交史研究》2001年第2期。
149. 新疆文物考古研究所、哈密地区文物管理所：《新疆哈密市艾斯克霞尔墓地的发掘》，载《考古》2002年第6期。
150. 刘惠琴、陈海涛：《从通婚的变化看唐代入华粟特人的汉化——以墓志材料为中心》，载《华夏考古》2003年第4期。
151. 韩巍：《山西大同北魏时期居民的种系类型分析》，载《边疆考古研究（第四辑）》，科学出版社，2006年。
152. 陈彦姝：《六世纪中后期的中国联珠纹织物》，载《故宫博物院院刊》2007年第1期。

153. 刘广铭：《老稼斋燕行日记》中的满族人形象——兼与其中的汉族人形象比较》，载《延边大学学报》2008年第2期。
154. 张在波：《唐文化的胡化倾向与鞍马绘画的兴盛》，载《南京艺术学院学报》（美术与设计版）2008年第2期。
155. 任晓晶：《论春秋时期晋国与戎狄的民族融合》，载《沧桑》2009年第1期。
156. 朱振宏：《东突厥处罗可汗与颉利可汗家族入唐后的处境极其汉化》，《唐史论丛》（第十二辑），三秦出版社，2009年。
157. 刘广铭：《燕途纪行》中的顺治形象》，《朝鲜•韩国文学与东亚》，延边大学出版社，2009年。
158. 夏侠：《从楼兰出土文物看魏晋时期的西域服饰》，载《新疆艺术学院学报》2009年第3期。
159. 罗玮：《明代的蒙元服饰遗存初探》，载《首都师范大学学报》2010年第3期。
160. 张晓东、刘振陆：《蒙元时期蒙古人壁画墓的确认》，载《内蒙古文物考古》2010年第1期。
161. 董晓荣：《蒙元时期蒙古族衣着左右衽与尊右卑左习俗》，载《兰州学刊》2010年第3期。
162. 齐玉花、董晓荣：《蒙元时期蒙古族妇女面妆研究》，载《青海民族大学学报》201年第1期。

四、其他

《良友》第三十九期、第四十期、第一百二十四期、第一百二十五期、第一百二十六期、第一百二十七期、第一百五十八期。

《玲珑》第一期、第三十期。

图片目录

图1-1-1　殷墟妇好墓出土玉人所反映贵族服装（临摹图）
图1-1-2　洛阳北窑西周晚期墓出土人形铜车辖
图1-1-3　信阳楚墓出土彩绘木俑（临摹图）
图1-1-4　湖北江陵马山一号战国楚墓出土女绵袴正反面结构（临摹图）
图1-1-5　陕西宝鸡茹家庄墓地出土青铜饰件（临摹图）
图1-1-6　侯马铸铜遗址人形范（临摹图）
图1-1-7　山西侯马铸铜遗址出土人形陶范复原像（临摹图）
图1-1-8　甘肃玉门出土的彩陶人、彩陶靴（临摹图）
图1-1-9　新疆哈密艾斯克霞尔墓地出土的皮衣款式图（临摹图）
图1-1-10 新疆哈密市艾斯克霞尔墓地出土护腕、皮靴、皮袜线描图（临摹图）
图1-1-11 辽宁西丰西岔沟出土武士驱车纹饰牌线描图（临摹图）
图1-1-12 “当户锭”人形铜灯线描图（临摹图）
图2-1-1　《竹林七贤与荣启期》局部
图2-1-2　《女史箴图》局部
图2-2-1　着袴褶服男子俑及袴褶服款式图（临摹图）
图2-2-2　北朝穿裲裆的门官像（临摹图）
图3-1-1　唐章怀太子墓石刻中穿袒领大袖衫的女子形象（临摹图）
图3-1-2　穿大袖纱罗衫的仕女形象（《簪花仕女图》局部）与大袖衫罗衫结构图
图3-1-3　唐朝绢画中穿半臂的女子形象（新疆阿斯塔那唐墓出土）
图3-1-4　唐永泰公主墓中着披帛的女子形象（临摹图）
图3-2-1　唐朝穿胡服的仕女形象（韦顼墓石椁线刻临摹图）
图3-2-2　唐彩绘帷帽骑马仕女俑（临摹图）
图3-2-3　新疆阿斯塔那唐墓出土纸画
图3-2-4　《观鸟扑蝉图》中穿圆领袍的女子（临摹图）
图3-2-5　新疆阿斯塔那唐墓出土绢画中的唐朝妆容形象
图3-2-6　造型丰腴的唐拱手女立俑（临摹图，西安市东郊王家坟出土）
图3-2-7　北朝牛头鹿角金步摇
图4-1-1　辽代高翅鎏金银冠（临摹图）
图4-1-2　库伦辽代墓墓道北壁壁画髡发、穿圆领窄袖袍的契丹男子（临摹图）
图4-1-3　辽代几种髡发样式（临摹图）
图4-2-1　金代壁画中的妇女形象（临摹图）
图4-2-2　《文姬归汉图》中的女子服装形象（临摹图）

图4-2-3　金代金扣玉带（临摹图）
图4-3-1　戴顾姑冠的元顺宗后像
图4-3-2　战国时期银首铜身着右衽服装的漆漆俑
图4-3-3　战国素色绵袍款式图之一（江陵马山一号楚墓出土）（临摹图）
图4-3-4　战国素色绵袍款式图之一（江陵马山一号楚墓出土）（临摹图）
图4-3-5　汉曲裾绵袍
图4-3-6　汉武梁祠画像石室第七石第二层“莱子父母同席坐”中男女服饰俱右衽（临摹图）
图4-3-7　元朝回鹘着右衽服的男供养人像
图4-3-8　《元世祖出猎图》局部
图4-3-9　西安韩森寨元代墓墓室北壁男女主人壁画（临摹图）
图4-3-10　内蒙古赤峰元宝山西坡元代壁画《墓主人对坐图》（临摹图）
图4-3-11　元世祖像
图4-3-12　元文宗像
图4-3-13　袖褡款式图（临摹图）
图4-3-14　明代香色麻飞鱼袍款式图（临摹图）
图5-1-1　清朝龙袍局部
图5-1-2　清朝皇贵妃冬朝冠（满族服饰）
图5-1-3　清朝黄缎绣云龙女袍（满族服饰）
图5-1-4　清朝银指套（临摹图）
图5-1-5　晚清花蝶纹暗花缎袄与彩绣花卉纹马面裙（汉族服饰）中国丝绸博物馆藏品
图5-1-6　戴云肩的清朝妇女形象
图5-1-7　清朝汉族妇女着装形象
图5-1-8　清《十二美人图》之一
图5-1-9　清朝满族如意簪（左）与汉族银簪（右）（临摹图）
图5-1-10　清朝满族女子足服
图5-2-1　清末剃发情景
图5-2-2　《点石斋画报》中的新人礼服
图6-1-1　穿长袍马褂的男子形象
图6-1-2　民国杂志中穿中山装的男子（1938年）
图6-1-3　民国杂志中“百年来中国军队制服之演进”漫画
图6-1-4　穿着西式连身短裙裤的电影明星陈云裳（1939年）
图6-1-5　1929年的女子婚纱受到林徽因、宋美龄婚纱的影响（右上、右下）
图6-1-6　穿着改良小袄的张爱玲
图6-1-7　1926年参加纪念活动的民国女学生
图6-1-8　编织绒线的民国女子（1940年）
图6-2-1　20世纪30年代的泡泡袖旗袍（中国丝绸博物馆藏）
图6-2-2　根据传世照片所绘之旗袍的演变
图6-3-1　《良友》杂志封面之一
图6-3-2　《良友》杂志封面之二
图6-3-3　《良友》中的明星专栏
图6-3-4　《玲珑》第一期杂志封面
图6-3-5　《玲珑》杂志中叶浅予所绘民国时装旗袍
图6-3-6　《玲珑》杂志中的服装设计图
图6-3-7　月份牌画之一
图6-3-8　月份牌画之二

图6-3-9　民国月份牌画中出现的几种改良旗袍款式
图7-1-1　台江施洞姊妹节穿盛装的苗族姑娘们（2011年摄）
图7-1-2　贵州省雷山县大塘乡新桥村的盛装表演服饰（2012年摄）
图7-1-3　贵州省雷山县西江经过改良的苗后服（2012年摄）
图7-1-4　今日西江的盛装也兼具表演服装的功能（2012年摄）
图7-1-5　归洪村成年和未成年的侗族女性服饰（2009年摄）
图7-1-6　榕江县穿着本民族服饰的苗族女性（2009年摄）
图7-2-1　西江苗寨（2012年摄）
图7-2-2　穿戴盛装时佩戴的银梳（2012年摄）
图7-2-3　西江银角局部花纹（2012年摄）
图7-2-4　身着便装的西江苗族妇女（2009年摄）
图7-2-5　穿着盛装参加大型活动的中老年妇女（2012年摄）
图7-2-6　西江旅店前穿着民族传统服饰的店员（2012年摄）
图7-2-7　西江服饰品店的服饰商品（2012年摄）
图7-2-8　穿着出租服饰的游客与当地苗族侗族姑娘的合影（2009年摄）
图7-2-9　毛云芬家的盛装局部（2009年摄）
图7-2-10 穿着盛装上衣的杨胜芬（2009年摄）
图7-2-11 李某某的店面（2012年摄）
图7-2-12 便装上的“寿”字银饰（2012年摄）
图7-2-13 三访西江时石金花的店面内部（2012年摄）
图7-2-14 接受采访的杨昌元（2012年摄）
图7-3-1　云南民族博物馆藏品（2009年摄）
图7-3-2　太阳鼓苗侗服饰博物馆藏品局部（2012年摄）
图7-3-3　站在扬武农民民间蜡染协会门前的杨芳会长（2012年摄）
图7-3-4　正在画蜡的苗族蜡染艺人王文花（2012年摄）
图7-3-5　成果展中穿着自己民族服饰的传统服饰工艺传承人（2009年摄）
图7-3-6　成果展中苗族银饰传承人制作的精美银饰（2009年摄）
图7-3-7　NE• TIGER时装有限公司现代旗袍设计
图7-3-8　时尚旗袍设计
图7-3-9　云南民族博物馆藏品局部（2009年摄）
图7-3-10 雷山苗族银饰刺绣博物馆（2012年摄）
图7-3-11 西江苗族博物馆服饰藏品（2012年摄）
图7-3-12 西江苗族博物馆服饰厅讲解员讲解当地苗族服饰（2012年摄）
图7-3-13 贵州民族民俗博物馆藏品（2011年摄）
图7-3-14 调查小组第一组采访龙秋菊（2012年摄）
图7-3-15 成衣化生产的民族服饰（2011年摄）
图7-3-16 蜡染的家用装饰品（2011年摄）
图7-3-17 “鸿”品牌民族服饰品店（2012年摄）
图7-3-18 民族元素设计作品之一（设计者：刘雨霏 指导教师：周梦 摄影：李光）
图7-3-19 民族元素设计作品之二（设计者：熊丽指 导教师：周梦 摄影：李光）
图7-3-20 2012国际植物染艺术设计大赛中展示的贵州苗族蜡染作品

后　记

完成这本书稿的最后一行字，我掩卷沉思，与“服饰”的结缘算起来竟有十多年的时光了。对《中国民族服饰变迁、融合与创新研究》这个课题产生兴趣至这本书的付梓，竟也经过了十多年。在这十多年的岁月里，随着对服饰文化研究点点滴滴的逐渐深入，它所具有的独特之处就越来越吸引我——物质的与非物质的因素在服饰上的并存，以及由此引发的方方面面的探讨的可能性，总是能引发我的好奇心与求知欲。因此，以“服饰”为载体，去审视、去思考、去探究、去体味，就成为我的一个恒久的愿望。

感谢中央民族大学美术学院领导对本课题研究的大力支持，感谢中央民族大学“211项目”基金的资助。

感谢管彦波先生在百忙之中抽出宝贵时间为本书作序。

感谢袁仄教授对本书的结构提出有益的建议。

在写作和出版过程中，付爱民老师对本书提出了中肯的修改意见，责编红梅老师为本书付出了艰苦的劳动，美编张尚玉、李首龙为本书设计了精美版面，李光老师提供了他所拍摄的照片，我的学生韦亮菊为本书绘制了所有的临摹插图,在此对他们表示我最为诚挚的谢意。

在本书的写作过程中，我的先生和我的父母给予我无尽的理解与支持，谢谢他们陪我度过这段日子。

特别需要指出的是，《中国民族服饰变迁、融合与创新研究》是一个具有挑战性和发展性的课题，虽然对它非常感兴趣，但因为我学术背景、个人学养与研究能力的种种局限以及时间、精力等因素的制约，它还很不成熟、还有很大的提升空间，因此本书只是一个阶段性的研究成果，我会在今后的日子里继续关注这一选题，并将对这个课题的研究深入下去。

周 梦

2012年11月